数字信号处理
综合实验教程

主　编　陶　智　张晓俊
副主编　许宜申　吴　迪　肖仲喆

苏州大学出版社
Soochow University Press

图书在版编目(CIP)数据

数字信号处理综合实验教程／陶智，张晓俊主编.
苏州：苏州大学出版社，2025.3. -- ISBN 978-7-5672-5093-2

Ⅰ.TN911.72

中国国家版本馆CIP数据核字第2025VP6876号

书　　名	数字信号处理综合实验教程
主　　编	陶　智　张晓俊
责任编辑	项向宏
助理编辑	谢　刚
出版发行	苏州大学出版社(Soochow University Press)
社　　址	苏州市十梓街1号　邮编：215006
印　　装	常熟市华顺印刷有限公司
网　　址	www.sudapress.com
邮　　箱	sdcbs@suda.edu.cn
邮购热线	0512-67480030
销售热线	0512-67481020
开　　本	787 mm×1 092 mm　1/16　印张：9.5　字数：203千
版　　次	2025年3月第1版
印　　次	2025年3月第1次印刷
书　　号	ISBN 978-7-5672-5093-2
定　　价	39.00元

凡购本社图书发现印装错误，请与本社联系调换。服务热线：0512-67481020

前言
Preface

在人工智能与万物智联时代,数字信号处理作为智能算法、通信系统及边缘计算的核心技术,深度赋能语音识别、图像处理、工业物联网等前沿领域,推动数字化变革。

为了满足广大读者对数字信号处理实践知识的迫切需求,帮助学生、工程技术人员以及相关领域的研究者更好地掌握这一关键技术,我们精心编写了这本教程。本教程以实验为驱动,结合基础理论与智能应用,设计了多层次的实验体系。实验内容既包含基础性实验(实验一至实验六),又涵盖提高性实验(实验七至实验十七),旨在满足不同层次读者的需求。

基础性实验部分着重于数字信号处理的基本概念、核心原理以及常用算法的验证与实践。通过这些实验,读者可以深入理解数字信号处理的理论基础,掌握基本的实验技能与操作流程,为后续的深入学习打下坚实的基础。提高性实验部分则更具挑战性与创新性,要求读者在掌握基础理论与技能的前提下,解决更为复杂的实践问题,为今后从事数字信号处理相关领域的研究与开发工作奠定良好的基础。

本教程强调"理论—工具—场景"的闭环设计,在实验内容的编排上注重理论与实践的紧密结合,力求使每个实验项目都具有明确的目的、清晰的步骤和详细的说明,助力读者掌握数字信号处理的关键技能。同时,本教程还提供了丰富的实例分析,帮助读者更好地理解实验结果,加深对数字信号处理技术的认识。

期待本教程能够成为探索智能信号处理的桥梁,助力广大读者在数字信号处理的领域中不断探索、创新和前行。由于编者水平有限,本书中难免存在一些不足之处,也恳请广大读者批评指正。

编 者

- **实验一** 离散时间信号与系统的时域分析 /001
  - 1.1 实验目的 /001
  - 1.2 实验原理 /001
  - 1.3 实例分析 /002
  - 1.4 编程练习 /021

- **实验二** 离散时间与系统的频域与复频域分析 /023
  - 2.1 实验目的 /023
  - 2.2 实验原理 /023
  - 2.3 实例分析 /024
  - 2.4 编程练习 /030

- **实验三** 离散时间信号的傅里叶变换及快速傅里叶变换 /032
  - 3.1 实验目的 /032
  - 3.2 实验原理 /032
  - 3.3 实例分析 /038
  - 3.4 编程练习 /045

- **实验四** 数字滤波器的结构实现 /047
  - 4.1 实验目的 /047
  - 4.2 实验原理 /047
  - 4.3 实例分析 /048

4.4 编程练习 /061

实验五 IIR 数字滤波器设计 /062

5.1 实验目的 /062
5.2 实验原理 /062
5.3 实例分析 /063
5.4 编程练习 /070

实验六 FIR 数字滤波器设计 /071

6.1 实验目的 /071
6.2 实验原理 /071
6.3 实例分析 /076
6.4 编程练习 /081

实验七 音频信号中回声识别与回声消除 /083

7.1 实验目的 /083
7.2 实验原理 /083
7.3 实例分析 /084
7.4 思考题 /086

实验八 信号发生器模拟与信号传输、解码编码及实现双音多频通信(DTMF) /087

8.1 实验目的 /087
8.2 实验原理 /087
8.3 实例分析 /088
8.4 思考题 /089

实验九 心电信号分析与处理 /090

9.1 实验目的 /090
9.2 实验原理 /090
9.3 实例分析 /091
9.4 思考题 /093

实验十 通信设计仿真 /094

10.1 实验目的 /094

10.2 实验原理 /094

10.3 实例分析 /095

10.4 思考题 /097

实验十一 音乐信号分析和处理 /098

11.1 实验目的 /098

11.2 实验原理 /098

11.3 实例分析 /100

11.4 思考题 /101

实验十二 合成音乐与实际音乐的特征对比 /102

12.1 实验目的 /102

12.2 实验原理 /102

12.3 实例分析 /103

12.4 思考题 /107

实验十三 语音信号特征提取 /108

13.1 实验目的 /108

13.2 实验原理 /108

13.3 实例分析 /110

13.4 思考题 /113

实验十四 语音信号增强 /114

14.1 实验目的 /114

14.2 实验原理 /114

14.3 实例分析 /115

14.4 思考题 /119

实验十五 基于图像处理的花卉识别 /120

15.1 实验目的 /120

15.2 实验原理 /120

15.3 实例分析 /122

15.4 思考题 /125

实验十六 图像降噪、图像亮度增强实验（直方图均衡化、拉普拉斯变换、伽马变换） /126

  16.1 实验目的 /126
  16.2 实验原理 /126
  16.3 实例分析 /129
  16.4 思考题 /133

实验十七 图像降噪、分段线性变换、分水岭分割 /134

  17.1 实验目的 /134
  17.2 实验原理 /134
  17.3 实例分析 /136
  17.4 思考题 /144

实验一

离散时间信号与系统的时域分析

1.1 实验目的

- 掌握运用 MATLAB 绘制典型的时域离散序列。
- 掌握运用 MATLAB 完成离散序列的基本运算。
- 掌握运用 MATLAB 求解离散系统的阶跃响应与冲激响应。
- 掌握运用 MATLAB 完成卷积的计算与应用。
- 掌握运用 MATLAB 求解离散线性时不变系统的时域响应。
- 掌握运用 MATLAB 完成信号的时域抽样与重建。

1.2 实验原理

离散时间信号是指在离散的时间点上定义的信号,简称离散信号或离散序列。离散时间信号通常用 $x(n)$ 表示,且自变量必须是整数。比如:

```
>>n = 0:1:30
```

即可定义时间范围为 0~30,时间间隔(步长)为 1 的离散时间信号。该离散时间信号也可表示为

```
>>n = 0:30
```

此时,默认时间间隔为 1。

stem 函数是最基本的绘图函数之一,在绘制二维图形时,如果输入 stem(n,y),就会生成一个以向量 n 表示数据点的 x 轴坐标值、向量 y 表示数据点的 y 轴坐标值的离散时间信号的图形。

subplot 函数用于在一个绘制窗口显示多个图形,subplot(m,n,p) 表示在同一个绘制窗口设置 $m×n$ 个划分格,并在第 p 个划分格上绘图,这样就大大方便了图形的对比。

xlabel 函数用于为图形的 x 轴添加标签,如 xlabel($'n'$) 表示设置该图形的 x 轴标签

为 n。

ylabel 函数用于为图形的 y 轴添加标签,如 ylabel('$y(n)$') 表示设置该图形的 y 轴标签为 $y(n)$。

title 函数用于设置一个图形的标题,如 title('单位冲激序列') 表示设置该图形的标题为单位冲激序列。

grid on 语句表示在该图形中显示网格线。

axis 函数用于设置一个图形的横纵坐标范围,如 axis([0 10 -1 1]) 表示设置该图形的横坐标范围为[0,10],纵坐标范围为[-1,1]。

1.3 实例分析

1.3.1 时域离散序列的生成

生成单位冲激序列 $y(n)=\begin{cases}1, n=0\\0, n\neq 0\end{cases}$, n 的范围为 $[-10,20]$,时间间隔为 1。

参考源程序:

```
>>n=-10:20;                    %确定时间 n 的范围,默认时间间隔为 1
>>y=(n==0);                    %定义 y 为单位冲激序列
>>stem(n,y,'fill');            %以 n,y 作图,'fill'表示实点
>>xlabel('n');                 %设置 x 轴标签
>>ylabel('y(n)');              %设置 y 轴标签
>>grid on;                     %显示网格线
>>title('单位冲激序列');        %设置标题
```

实验结果如图 1.1 所示:

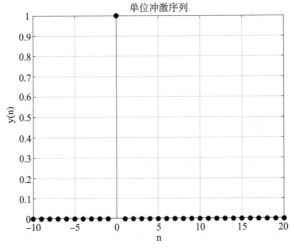

图 1.1 单位冲激序列

生成单位阶跃序列 $y(n)=\begin{cases}1, n\geqslant 0,\\ 0, n<0,\end{cases}$ n 的取值范围为 $[-3,5]$，时间间隔为 1。

参考源程序：

```
>>n=-3:5;
>>y=(n>=0);                    %定义y为单位阶跃序列
>>stem(n,y,'fill');
>>xlabel('n');
>>ylabel('y(n)');
>>grid on;
>>title('单位阶跃序列');
```

实验结果如图 1.2 所示：

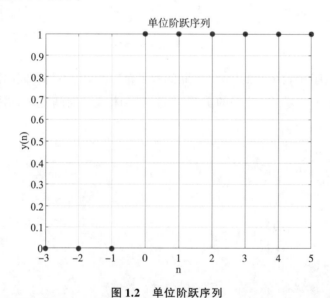

图 1.2　单位阶跃序列

生成单边指数序列 $y(n)=1.1^n$，n 的取值范围为 $[1,15]$，时间间隔为 1。

参考源程序：

```
>>n=1:15;
>>y=(1.1).^n;                  %定义y为单边指数序列
>>stem(n,y,'fill');
>>xlabel('n');
>>ylabel('y(n)');
>>grid on;
>>title('单边指数序列');
```

实验结果如图 1.3 所示：

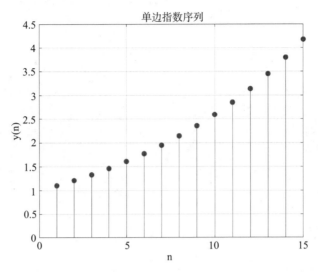

图 1.3　单边指数序列

生成复指数序列 $y(n)=2\mathrm{e}^{\left(-\frac{1}{10}+\frac{\pi}{6}i\right)n}$，$n$ 的取值范围为 $[0,30]$，时间间隔为 1，并在同一个窗口中绘制出该复指数序列的实部、虚部、模和相角随时间变化的图像。

参考源程序：

```
>>n=0:30;
>>A=2;a=-1/10;b=pi/6;
>>y=A*exp((a+b*i)*n);            %定义y为复指数序列
>>subplot(2,2,1)                 %分割成2行2列,在第1个划分格上绘图
>>stem(n,real(y),'fill');        %real(y)表示y的实部
>>grid on;
>>title('实部');xlabel('n');ylabel('y1(n)');
>>subplot(2,2,2)                 %分割成2行2列,在第2个划分格上绘图
>>stem(n,imag(y),'fill');        %imag(y)表示y的虚部
>>grid on;
>>title('虚部');xlabel('n');;ylabel('y2(n)');
>>subplot(2,2,3)                 %分割成2行2列,在第3个划分格上绘图
>>stem(n,abs(y),'fill');         %abs(y)表示y的模
>>grid on;
>>title('模');xlabel('n');;ylabel('y3(n)');
>>subplot(2,2,4)                 %分割成2行2列,在第4个划分格上绘图
>>stem(n,angle(y),'fill');       %angle(y)表示y的相角
```

```
>>grid on;
>>title('相角');xlabel('n');ylabel('y4(n)');
```

实验结果如图 1.4 所示：

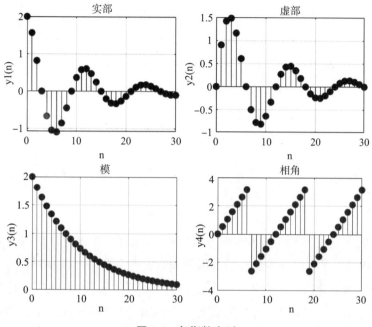

图 1.4　复指数序列

生成余弦序列 $y(n)=\dfrac{3}{2}\cos(2\pi fn)$，其中 $f=0.1$ Hz，n 的取值范围为 $[0,40]$，时间间隔为 1。

参考源程序：

```
>>n=0:40;
>>f=0.1;
>>phase=0;
>>A=1.5;
>>arg=2*pi*f*n-phase;
>>y=A*cos(arg);              %定义y为余弦序列
>>clf;
>>stem(n,y,'fill');
>>title('余弦序列');xlabel('n');ylabel('y(n)');
>>axis([0 40 -2 2]);          %设置横坐标范围为[0,40],纵坐标范围为[-2,2]
>>grid;
```

实验结果如图 1.5 所示：

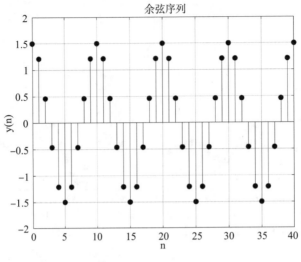

图 1.5 余弦序列

分别生成占空比为 50% 和 30% 的方波序列，并在同一个窗口中绘制出来。

square 函数用于生成一个具有指定周期和指定占空比的方波序列。占空比是方波为正的信号周期百分比。使用命令 $y=\mathrm{square}(w,b)$ 可生成任意方波序列，其中 w 为方波序列的频率，b 为方波序列的占空比，若 b 为缺省，则表示该方波序列的占空比为默认值 50%。

参考源程序：

```
>>n=0:0.1:2*pi;
>>A=2;P=4;
>>y1=A*square(P*n);                %定义y1为方波序列(1)
>>subplot(2,1,1);
>>stem(n,y1,'fill');
>>title('方波序列(1)');xlabel('n');ylabel('y1(n)');
>>y2=A*square(P*n,30);              %定义y2为方波序列(2)
>>subplot(2,1,2);
>>stem(n,y2,'fill');
>>title('方波序列(2)');xlabel('n');ylabel('y2(n)');
>>axis([0 2*pi -2 2]);
```

实验结果如图 1.6 所示：

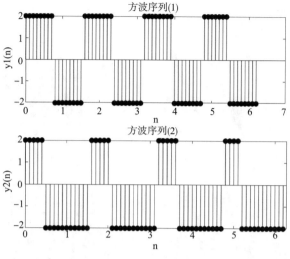

图 1.6 方波序列

生成频率不同,占空比分别为 0 和 50% 的三角波序列,并在同一窗口中绘制出来。

sawtooth 函数用于生成一个具有指定周期和指定周期内最大幅度位置的三角波序列。使用命令 $y=\text{sawtooth}(w,b)$ 可得任意三角波序列,其中 w 为三角波序列的频率,b 为三角波序列的占空比,若 b 为缺省,则表示该三角波序列的占空比默认为 0。

参考源程序:

```
>>n=0:0.2:20;
>>y1=sawtooth(n);                    %定义 y1 为三角波序列(1)
>>subplot(2,2,1);
>>stem(n,y1,'fill');
>>title('三角波序列(1)');xlabel('n');ylabel('y1(n)');
>>y2=sawtooth(pi*n);                 %定义 y2 为三角波序列(2)
>>subplot(2,2,2);
>>stem(n,y2,'fill');
>>title('三角波序列(2)');xlabel('n');ylabel('y2(n)');
>>y3=sawtooth(n,0.5);                %定义 y3 为三角波序列(3)
>>subplot(2,2,3);
>>stem(n,y3,'fill');
>>title('三角波序列(3)');xlabel('n');ylabel('y3(n)');
>>y4=sawtooth(pi*n,0);               %定义 y4 为三角波序列(4)
>>subplot(2,2,4);
>>stem(n,y4,'fill');
>>title('三角波序列(4)');xlabel('n');ylabel('y4(n)');
```

实验结果如图 1.7 所示：

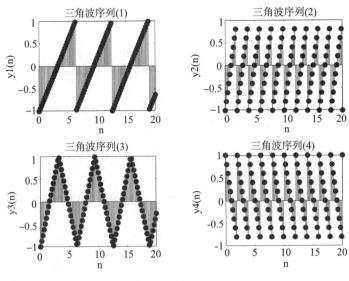

图 1.7　三角波序列

1.3.2　离散序列的基本运算

1. 离散序列的加减运算

序列的加减：$\{x_1(n)\}\pm\{x_2(n)\}=\{x_1(n)\pm x_2(n)\}$。在 MATLAB 中使用"+""-"运算符来实现序列的加减，需注意 $x_1(n)$ 和 $x_2(n)$ 的长度必须相同。

参考源程序：

```
>>n=-3:8;
>>y1=(n>=5);                    %定义 y1 为时移后的单位阶跃序列
>>subplot(3,1,1);
>>stem(n,y1,'fill');
>>title('序列时移');xlabel('n');ylabel('y1(n)');
>>y2=(n>=0)+(n>=5);             %定义 y2 为两个序列之和
>>subplot(3,1,2);
>>stem(n,y2,'fill');
>>title('序列相加');xlabel('n');ylabel('y2(n)');
>>y3=(n>=0)-(n>=5);             %定义 y3 为两个序列之差
>>subplot(3,1,3);
>>stem(n,y3,'fill');
>>title('序列相减');xlabel('n');ylabel('y3(n)');
>>grid on;
```

实验结果如图 1.8 所示：

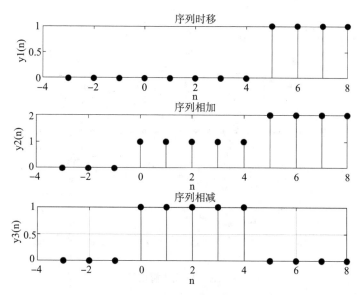

图 1.8 离散序列的加减运算

2. 振幅调制信号的产生

序列相乘：$\{x_1(n)\} \cdot \{x_2(n)\} = \{x_1(n)x_2(n)\}$。在 MATLAB 中，使用". *"运算符来实现序列的相乘(注意" *"与". *"的区别)，需注意 $x_1(n)$ 和 $x_2(n)$ 的长度必须相同。以 $x_1(n) = \sin(0.2\pi n)$，$x_2(n) = \sin(0.02\pi n)$，n 的范围为 $[0,100]$ 为例。

参考源程序：

```
>>n=0:100;
>>m=0.4;fH=0.1;fL=0.01;
>>xH=sin(2*pi*fH*n);
>>xL=sin(2*pi*fL*n);
>>y=(1+m*xL).*xH;              %定义y为振幅调制信号
>>stem(n,y,'fill');
>>grid;
>>title('振幅调制信号');
>>xlabel('n');ylabel('y(n)');
```

实验结果如图 1.9 所示：

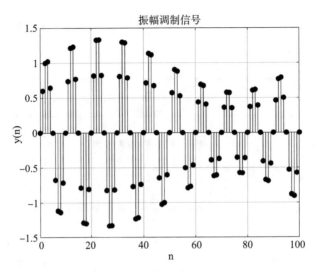

图 1.9　振幅调制信号

3. 扫频余弦信号的产生

参考源程序：

```
>>n=0:100;
>>a=pi/2/100;
>>b=0;
>>arg=a*n.*n+b*n;
>>y=cos(arg);              %定义y为扫频余弦信号
>>clf;                     %清除当前图像窗口
>>stem(n,y,'fill');
>>axis([0 100 -1.5 1.5]);  %横坐标范围为[0,100],纵坐标范围为[-1.5,1.5]
>>title('扫频余弦信号');
>>xlabel('n');
>>ylabel('y(n)');
>>grid on;
```

实验结果如图 1.10 所示：

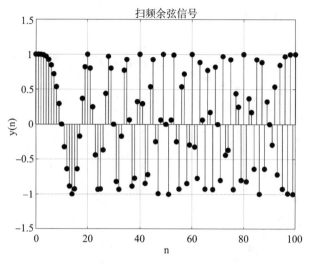

图 1.10　扫频余弦信号

1.3.3　离散系统的阶跃响应与冲激响应

1. 简单信号的单位阶跃响应与单位冲激响应

dstep 函数用于计算离散时间系统的单位阶跃响应。使用命令 $y=\mathrm{dstep}(num, den, N)$ 可得任意离散时间系统的单位阶跃响应的前 N 个样本。其中 num 是离散时间系统的分子系数向量，den 是离散时间系统的分母系数向量。

dimpluse 函数用于计算离散时间系统的单位冲激响应。使用命令 $y=\mathrm{dimpulse}(num, den, N)$ 可得任意离散时间系统的单位冲激响应的前 N 个样本。

参考源程序：

```
>>n=0:20;
>>a=[1,-0.8];
>>b=[2,0];
>>y1=dstep(b,a,length(n));              %定义 y1 为离散系统的单位阶跃响应
>>y2=dimpulse(b,a,length(n));           %定义 y2 为离散系统的单位冲激响应
>>subplot(2,1,1);
>>stem(n,y1,'fill');
>>xlabel('n');ylabel('y1(n)');title('单位阶跃响应');
>>subplot(2,1,2);
>>stem(n,y2,'fill');
>>xlabel('n');ylabel('y2(n)');title('单位冲激响应');
```

实验结果如图 1.11 所示：

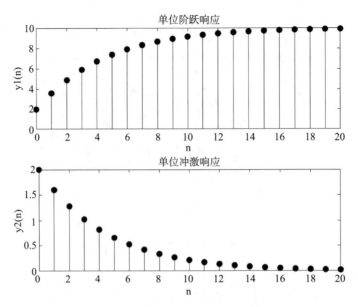

图 1.11 简单信号的单位阶跃响应与单位冲激响应

2. 简单系统的冲激响应

impz 函数用于计算因果线性时不变离散时间系统的冲激响应。使用命令 $y = \mathrm{impz}(num,den,N)$ 可得任意因果线性时不变离散时间系统的冲激响应的前 N 个样本。

参考源程序：

```
>>clf;
>>N=40;
>>num=[2.2 2.5 2.3];
>>den=[1 -0.4 0.75];
>>y=impz(num,den,N);              %定义 y 为系统的冲激响应
>>stem(y,'fill');
>>xlabel('n');ylabel('y(n)');
>>title('冲激响应');
>>grid
```

实验结果如图 1.12 所示：

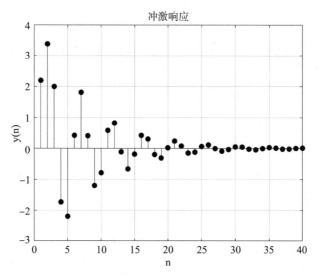

图 1.12 简单系统的冲激响应

1.3.4 卷积的原理及应用

1. 简单信号的卷积

conv 函数用于计算离散时间信号的卷积,用向量 x 和 h 分别定义序列 $x(n)$ 和 $h(n)$ 的元素,则可以使用命令 $y=\mathrm{conv}(x,h)$ 来计算这两个序列的卷积。

例1 $x(n_1)=\sin\left(\dfrac{\pi}{6}n_1\right), n_1\in[0,17]; h(n_2)=\begin{cases}1, & n_2\geqslant 0,\\ 1, & n_2<0,\end{cases} n_2\in[-5,5]; x(n_2)=\left(\dfrac{1}{2}\right)^{n_2-1}h(n_2);$ 求 $x(n_1)$ 与 $x(n_2)$ 的卷积。

解 主程序为

```
>>n1=0:17;
>>y1=sin(pi*n1/6);                %定义信号 y1
>>subplot(3,1,1)
>>stem(n1,y1,'fill');
>>title('信号(1)');xlabel('n');ylabel('y1(n)');
>>n2=-5:5;
>>uDT=(n2>=0);
>>y2=((1/2).^(n2-1)).*uDT;        %定义信号 y2
>>subplot(3,1,2)
>>stem(n2,y2,'fill')
>>title('信号(2)');xlabel('n');ylabel('y2(n)');
>>n3=-5:22;
```

```
>>y3=conv(y1,y2);%定义信号y3为信号y1与y2的卷积
>>subplot(3,1,3)
>>stem(n3,y,'fill')
>>title('卷积结果');xlabel('n');ylabel('y3(n)');
```

实验结果如图 1.13 所示：

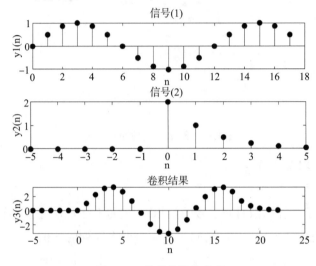

图 1.13 简单信号的卷积

2. 简单信号与其自身的卷积

将信号 $x_1(n) = \begin{cases} 0, & n \in [-6,4], \\ 1, & n \in [5,10], \end{cases} n \in [-6,10]$ 与其自身进行卷积。

参考源程序：

```
>>n1=0:10;n2=-6:4;
>>x1=(n1>=0)-(n2>=0);
>>h=x1;
>>y=conv(x1,h);
>>subplot(2,1,1);
>>stem(n1,y(1:length(n1)),'fill');
>>axis([-2 10 0 6]);
>>xlabel('n');ylabel('y1(n)');title('卷积结果');
```

实验结果如图 1.14 所示：

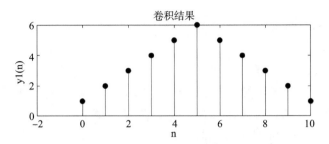

图1.14 简单信号与其自身的卷积

3. 卷积的应用——求解系统零状态响应

参考源程序：

```
>>n=0:5;
>>x=n;
>>h=2*(0.8).^n;
>>y=conv(x,h);
>>stem(n,y(1:length(n)),'fill');
>>xlabel('n');ylabel('y(n)');title('零状态响应');
```

实验结果如图1.15所示：

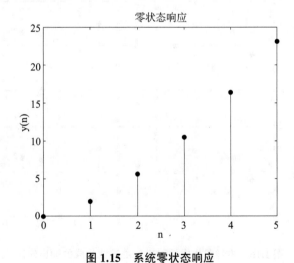

图1.15 系统零状态响应

4. 由卷积生成的输出与由滤波生成的输出对比

参考源程序：

```
>>clf;
>>h=[3 2 1 -2 1 0 -4 0 3];
>>x=[1 -2 3 -4 3 2 1];
```

```
>>y1=conv(h,x);                    %定义y1为h与x的卷积
>>n=0:14;
>>subplot(2,1,1);
>>stem(n,y1,'fill');
>>xlabel('n');ylabel('y1(n)');
>>title('由卷积生成的输出');
>>grid;
>>x1=[x zeros(1,8)];               %zeros(1,8)表示1×8的全零矩阵
>>y2=filter(h,1,x1);               %定义y2为由滤波生成的输出
>>subplot(2,1,2);
>>stem(n,y2,'fill');
>>xlabel('n');ylabel('y2(n)');
>>title('由滤波生成的输出');
>>grid;
```

实验结果如图 1.16 所示：

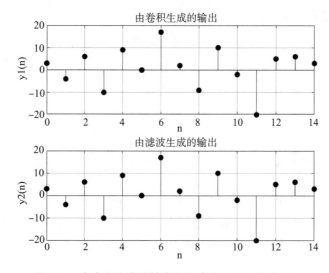

图 1.16 由卷积生成的输出与由滤波生成的输出对比

1.3.5 离散线性时不变系统的时域响应

1. 简单线性时不变系统的时域响应

filter 函数用于计算离散系统在任意输入信号作用下的响应。使用命令 $y=\text{filter}(b,a,x)$ 可得指定离散系统在任意输入信号作用下的响应，其中 b 是离散时间系统的分子系数向量，a 是离散时间系统的分母系数向量，x 是输入信号。

参考源程序：

```
>>n = 0:10;
>>a = [1,-1,0.5];
>>b = [1,2,0,1];
>>r = (n>=0)-(n>=10);
>>x = (5+3*cos(0.2*pi*n)+4*i*sin(0.6*pi*n)).*r;
>>y = filter(b,a,x);           %定义 y 为系统在输入信号 x 作用下的响应
>>subplot(2,2,1)
>>stem(n,real(y),'fill')
>>title('实部');xlabel('n');ylabel('y1(n)');
>>subplot(2,2,2)
>>stem(n,imag(y),'fill')
>>title('虚部');xlabel('n');ylabel('y2(n)');
>>subplot(2,2,3)
>>stem(n,abs(y),'fill')
>>title('模');xlabel('n');ylabel('y3(n)');
>>subplot(2,2,4)
>>stem(n,angle(y),'fill')
>>title('相角');xlabel('n');ylabel('y4(n)');
```

实验结果如图 1.17 所示：

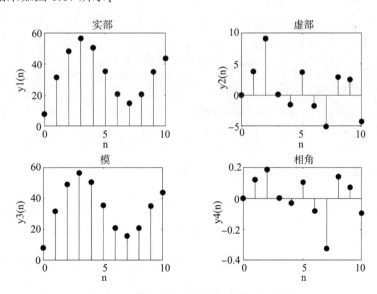

图 1.17　简单线性时不变系统的时域响应

2. 线性时不变系统的级联

在实际应用中,高阶因果线性时不变离散时间系统可以用低阶因果线性时不变离散时间系统级联得到。

参考源程序:

```
>>clf;
>>n=0:40;
>>x=(n==0);
>>den=[1 1.6 2.28 1.325 0.68];
>>num=[0.06 -0.19 0.27 -0.26 0.12];
>>y=filter(num,den,x);
>>num1=[0.3 -0.2 0.4];den1=[1 0.9 0.8];
>>num2=[0.2 -0.5 0.3];den2=[1 0.7 0.85];
>>y1=filter(num1,den1,x);
>>y2=filter(num2,den2,y1);
>>y3=y-y2;
>>subplot(3,1,1);
>>stem(n,y,'fill');
>>xlabel('n');ylabel('y(n)');
>>title('四阶实现的输出');grid;
>>subplot(3,1,2);
>>stem(n,y2,'fill');
>>xlabel('n');ylabel('y2(n)');
>>title('级联实现的输出');grid;
>>subplot(3,1,3);
>>stem(n,y3,'fill');
>>xlabel('n');ylabel('y3(n)');
>>title('差值信号');grid;
```

实验结果如图 1.18 所示:

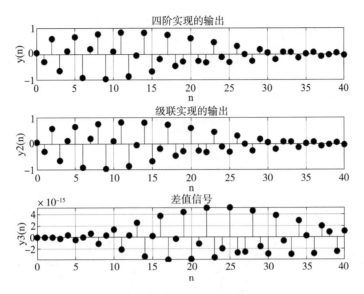

图 1.18 线形时不变系统的级联

3. 信号的时域抽样与重建

MATLAB 不能严格地产生一个连续时间信号,但可以采用一个较高的抽样频率来对连续时间信号进行抽样,以使得样本互相非常接近。同样,也可以通过对一个近似的连续时间信号进行不同频率的抽样来得到不同的离散时间信号。

参考源程序:

```
>>clf;
>>t=0:0.0005:1;
>>f=13;
>>xa=cos(2*pi*f*t);            %定义 xa 为抽样周期为 0.000 5 的余弦信号
>>subplot(2,1,1);
>>plot(t,xa);grid;
>>xlabel('t');ylabel('y1(t)');
>>title('连续时间信号');
>>axis([0 1 -1.2 1.2]);
>>subplot(2,1,2);
>>T=0.005;
>>k=0:T:1;
>>xs=cos(2*pi*f*k);             %定义 xs 为抽样周期为 0.005 的余弦信号
>>n=0:length(k)-1;
>>stem(n,xs,'fill');grid;
>>xlabel('n');ylabel('y2(n)');
```

```
>>title('离散时间信号');
>>axis([0 length(k)-1 -1.2 1.2]);
```

实验结果如图 1.19 所示：

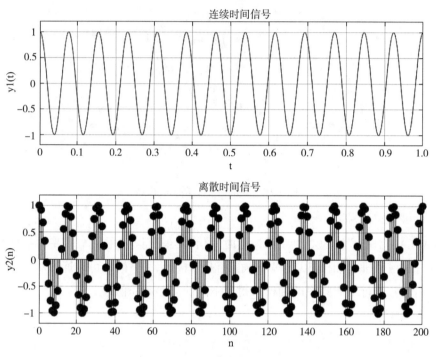

图 1.19 信号的时域抽样

为了从离散信号 $x(n)$ 中生成重构的信号，可以将 $x(n)$ 通过一个理想低通滤波器。在间隔很密的 t 值处进行计算，重构信号的曲线将类似于一个连续时间信号，最终可以产生所期望的对重构的连续时间信号的一个逼近。

参考源程序：

```
>>clf;
>>T=0.1;f=13;
>>n=(0:T:1)';
>>xs=cos(2*pi*f*n);
>>t=linspace(-0.5,1.5,500)';
>>y=sinc((1/T)*t(:,ones(size(n)))-(1/T)*n(:,ones(size(t)))')
  *xs;
>>plot(n,xs,'o',t,y);grid;
>>xlabel('t');ylabel('y(t)');
```

```
>>title('重构的连续时间信号');
>>axis([0 1 -1.2 1.2]);
```

实验结果如图 1.20 所示：

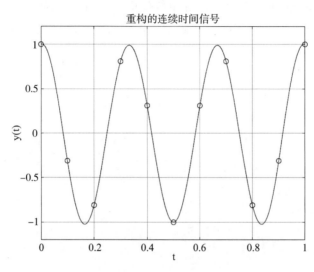

图 1.20 信号的时域重建

1.4 编程练习

1. 画出下列离散信号的波形。

(1) $x(n) = \left(\dfrac{1}{2}\right)^{n-1} u(n)$；

(2) $x(n) = \sin\left(\dfrac{n\pi}{5}\right)$；

(3) $x(n) = \left(\dfrac{5}{6}\right)^n \sin\left(\dfrac{n\pi}{5}\right)$。

2. 生成复指数序列 $x(n) = 5e^{\left(-\frac{1}{5}+i\frac{\pi}{2}\right)n}$，并绘制其实部、虚部、模及相角随时间变化的曲线，画在同一个窗口中。

3. 计算信号 $x(n)$ 与 $u(n)$ 的卷积。

(1) $x(n) = h(n) = u(n) - u(n-4)$；

(2) $x(n) = u(n) - u(n-5)$，$h(n) = \left(\dfrac{1}{2}\right)^n u(n)$。

4. 生成并绘制正弦序列 $x_1(n) = \sin\left(\dfrac{\pi}{2}n\right)$ 的波形图，其中 $0 \leqslant n \leqslant 10$；生成并绘制序

列 $x_2(n) = \left(\dfrac{1}{6}\right)^{n-1} u(n-4)$ 的波形图,其中 $-5 \leqslant n \leqslant 5$;计算并绘制序列 $y(n) = x_1(n) * x_2(n)$ 的波形图,画在同一个窗口中。

5. 离散系统的差分方程为 $y(n) - 0.6y(n-1) + 0.08y(n-2) = x(n-1)$。

(1) 求解该系统的单位冲激响应和单位阶跃响应,取 n 的范围为 $0 \sim 10$;

(2) 若输入信号为 $x(n) = nu(n)$,求解该系统的冲激响应,取 n 的范围为 $0 \sim 10$。

离散时间与系统的频域与复频域分析

2.1 实验目的

- 掌握运用 MATLAB 绘制典型离散时间信号的幅度和相位谱。
- 掌握运用 MATLAB 求离散时间信号的 Z 变换和逆 Z 变换。
- 掌握运用 MATLAB 进行离散时间系统函数的零极点求解,会通过零极点判断系统的稳定性,并求解系统的频率响应。

2.2 实验原理

离散时间信号的 Z 变换: $X(z)=\sum_{n=-\infty}^{\infty}x(n)z^{-n}$,使用函数 Z = ztrans(x) 对信号 x 进行 Z 变换。逆 Z 变换: $x(n)=\dfrac{1}{2\pi\mathrm{j}}\oint_{C}X(z)z^{n-1}\mathrm{d}z$,使用函数 x = iztrans(Z) 对 Z 进行逆 Z 变换。其中 x 和 Z 分别为时域表达式和 z 域表达式的符号表示,可通过 str2sym 函数来定义。

已知离散系统的系统函数,可以用函数 [r,p,k] = residuez(num,den) 进行部分分式分解,其中 num 是系统函数分子多项式的系数向量,den 是分母多项式的系数向量,系数均按 z^{-1} 升幂排列。

已知离散系统的系统函数,可以用函数 y = roots(x) 分别求出系统函数分子和分母多项式的根,得到系统的零极点,再用 plot 函数在复平面上画出零极点图;或者使用函数 zplane(num,den) 直接画出系统的零极点图。

已知离散系统的系统函数,可以使用函数 [H,ω] = freqz(num,den,N)。返回向量 H 包含了离散系统频率响应 $H(e^{j\omega})$ 在 0 到 π 范围内 N 个频率等分点的值,向量 ω 包含 0 到 π 范围内的 N 个频率等分点。N 为正整数,系统默认为 512。

2.3 实例分析

2.3.1 离散时间信号与系统的频域分析

例1 求有限长序列 $x(k)=\{1,2,3,4,5\}, k=\{-1,0,1,2,3\}$ 的离散时间傅里叶变换(DTFT),并画出它的幅度谱,相位谱,实部和虚部。

解 主程序为

```
>>x=[1,2,3,4,5];
>>k=-1:3;
>>w=linspace(0,2*pi,512);
>>H=x*exp(-j*k'*w);
>>subplot(2,2,1);plot(w,abs(H));ylabel('幅度');      %画幅度特征曲线
>>subplot(2,2,2);plot(w,angle(H));ylabel('相角');    %画相角特征曲线
>>subplot(2,2,3);plot(w,real(H));ylabel('实部');     %画幅度实部特征曲线
>>subplot(2,2,4);plot(w,imag(H));ylabel('虚部');     %画幅度虚部特征曲线
```

实验结果如图 2.1 所示:

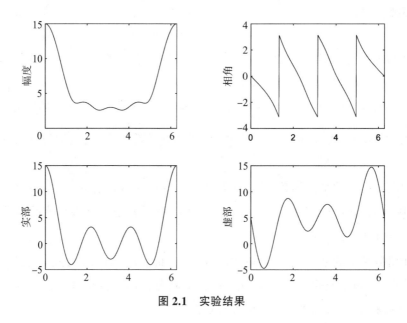

图 2.1 实验结果

2.3.2 Z 变换及其应用

例1 求序列 $x(n)=a^n\cos(n\pi)u(n)$ 的 Z 变换。

解 主程序为

```
>>x = str2sym('a^n*cos(pi*n)');
>>Z = ztrans(x)
```

另外一种方法是：

```
>>syms a
>>syms n
>>x = a^n*cos(pi*n);
>>Z = ztrans(x)
```

运行结果如下：

```
>>Z =(z*(z/a + 1))/(a*((2*z)/a + z^2/a^2 + 1))
```

该结果可以进一步化简，执行命令：

```
>>Z = simplify(Z)
```

得出如下结果：

```
>>Z =z/(a + z)
```

例 2　用部分分式展开法求 $X(z)=\dfrac{6z^3+2z^2-z}{z^3-z^2-z+1}$（$|z|>1$）的逆 Z 变换。

解　首先将 $X(z)$ 化为 z^{-1} 的幂的形式，$X(z)=\dfrac{6+2z^{-1}-z^{-2}}{1-z^{-1}-z^{-2}+z^{-3}}$。

主程序为

```
>>num = [6,2,-1];
>>den = [1,-1,-1,1];
>>[r,p,k] = residuez(num,den)
```

运行结果如下：

```
r = 1.7500
    3.5000
    0.7500
p = 1.0000
    1.0000
   -1.0000
k =[]
```

得到 $X(z)$ 的展开式为

$$X(z)=\frac{0.75}{1+z^{-1}}+\frac{1.75}{1-z^{-1}}+\frac{3.5}{(1-z^{-1})^2}$$

根据常用函数的 Z 变换可得 $X(z)$ 的逆 Z 变换为

$$\begin{aligned}x(n)&=0.75(-1)^nu(n)+1.75u(n)+3.5(n+1)u(n)\\&=0.75(-1)^nu(n)+5.25u(n)+3.5nu(n)\end{aligned}$$

2.3.3 离散系统的零极点分析

例1 已知一离散因果 LTI 系统的系统函数为

$$H(z)=\frac{z+0.32}{z^2+z+0.24}$$

试用 MATLAB 命令求该系统的零极点。

解 用 tf2zp 函数求系统的零极点,主程序为

```
>>B=[1,0.32];
>>A=[1,1,0.24];
>>[R,P,K]=tf2zp(B,A)
```

运行结果为

```
R=-0.3200
P=-0.6000 -0.4000
K=1
```

因此,零点为 $z=0.32$,极点为 $p_1=0.6$ 与 $p_2=0.4$。

若要获得系统函数 $H(z)$ 的零极点分布图,可直接应用 zplane 函数,其语句格式为 zplane(B,A)。其中,B 与 A 分别表示 $H(z)$ 的分子和分母多项式的系数向量。它的作用是在 z 平面上画出单位圆、零点与极点。

例2 已知一离散因果 LTI 系统的系统函数为

$$H(z)=\frac{z^2-0.25}{z^2-1.52z+0.68}$$

试用 MATLAB 命令画出该系统的零极点分布图。

解 主程序为

```
>>B = [1 0 -0.25];
>>A = [1 -1.52 0.68];
>>zplane(B,A),grid on              %用 zplane( )函数绘制系统零极点图
```

```
>>legend('零点','极点')
>>xlabel('实部');ylabel('虚部');
>>title('零极点分布图')
```

实验结果如图 2.2 所示：

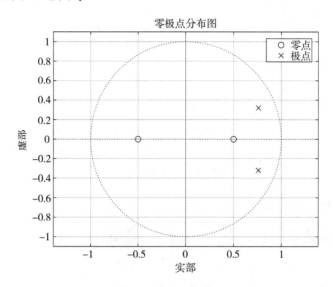

图 2.2 零极点分布图

例 3 已知一离散因果系统的系统函数为

$$H(z)=\frac{z+1}{3z^5-z^4+1}$$

试用 MATLAB 命令画出该系统的零极点分布图。

解 主程序为

```
>>b=[1,1];
>>a=[3,-1,0,0,0,1];
>>zplane(b,a),grid on;            %用 zplane( )函数绘制系统零极点图
>>legend('零点','极点')
>>xlabel('实部');ylabel('虚部');
>>title('零极点分布图')
```

实验结果如图 2.3 所示：

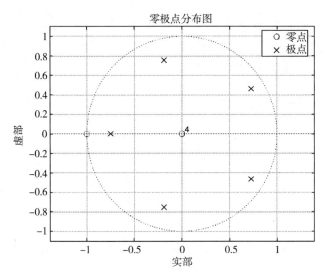

图 2.3 零极点分布图

2.3.4 离散系统的频域响应

例 1 系统函数为 $H(z) = \dfrac{1}{1 - \dfrac{1}{3}z^{-1}}$，求系统的频率响应。

解 主程序为

```
>>B = [1];
>>A = [1,-1/3];
>>[H,w] = freqz(B,A);
>>subplot(2,1,1);
>>plot(w,abs(H)),grid on
>>xlabel('\omega/(rad/s)');
>>ylabel('|H|');
>>title('离散系统幅频特性曲线')
>>subplot(2,1,2);
>>plot(w,angle(H)),grid on
>>xlabel('\omega/(rad/s)');
>>ylabel('angle(H)');
>>title('离散系统相频特性曲线')
```

实验结果如图 2.4 所示：

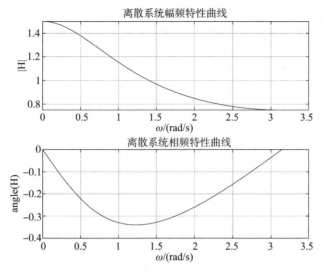

图 2.4 频率响应图

例 2 用 MATLAB 命令绘制系统函数 $H(z)=\dfrac{z^2-0.96z+0.9028}{z^2-1.56z+0.8109}$ 的频率响应曲线。

解 利用 freqz 函数计算出 $H(\mathrm{e}^{\mathrm{j}\omega})$，然后利用 abs 函数和 angle 函数分别求出幅频特性与相频特性，最后利用 plot 命令绘出曲线。

主程序为

```
>>b=[1 -0.96 0.9028];
>>a=[1 -1.56 0.8109];
>>[H,w]=freqz(b,a,400,'whole');
>>Hm=abs(H);
>>Hp=angle(H);
>>subplot(2,1,1)
>>plot(w,Hm),grid on
>>xlabel('\omega/(rad/s)');
>>ylabel('|H|');
>>title('离散系统幅频特性曲线')
>>subplot(2,1,2)
>>plot(w,Hp),grid on
>>xlabel('\omega/(rad/s)');
>>ylabel('angle(H)');
>>title('离散系统相频特性曲线')
```

实验结果如图 2.5 所示：

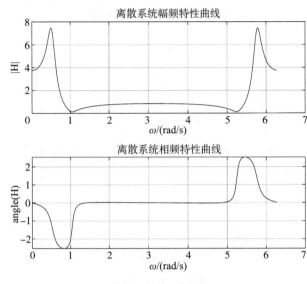

图 2.5 频率响应图

2.4 编程练习

1. 已知序列 $x(k) = \begin{cases} \cos(\pi k/2N), & |k| \leq N \\ 0, & |k| > N \end{cases}$,画出该序列离散时间傅里叶变换 $X(e^{j\omega})$ 的实部、虚部、幅度谱和相位谱。并分析 $X(e^{j\omega})$ 的特点。

2. 求下列函数的 Z 变换表达式。

(1) $x(n) = (0.8)^n u(n)$;

(2) $x(n) = [(0.5)^n + (-0.8)^n] u(n)$;

(3) $x(n) = 3^n (n+1) u(n)$。

3. 使用部分分式展开法求下列系统函数的逆 Z 变换(默认结果为右边序列)。

(1) $H(z) = \dfrac{z}{3z^2 - 4z + 1}$;

(2) $H(z) = \dfrac{1}{(1 - 0.9z^{-1})^2 (1 + 0.9z^{-1})}$;

(3) $H(z) = \dfrac{1 + 0.4\sqrt{2} z^{-1}}{1 - 0.8\sqrt{2} z^{-1} + 0.64 z^{-2}}$。

4. 分别用 plot 函数和 zplane 函数绘制下列因果系统函数的零极点图,并判断系统是否稳定。

(1) $H(z) = \dfrac{z^2 - 0.36}{z^2 - 1.52z + 0.68}$;

(2) $H(z) = \dfrac{z}{z-1.2}$;

(3) $H(z) = \dfrac{1+z^{-1}}{1+0.2z^{-1}-0.24z^{-2}}$。

5. 已知系统的差分方程为

$$y(n) - \dfrac{3}{4} y(n-1) = -\dfrac{3}{4} x(n) + x(n-1)$$

(1) 求该系统的系统函数 $H(z)$;

(2) 求系统的频率响应,画出频率响应曲线;

(3) 说明该系统是什么类型的系统。

实验三

离散时间信号的傅里叶变换及快速傅里叶变换

3.1 实验目的

- 掌握运用 MATLAB 根据定义进行离散傅里叶变换(DFT)。
- 掌握运用 MATLAB 进行快速傅里叶变换(FFT)的原理,学会进行 FFT 运算和频谱分析。
- 掌握运用卷积(线性及圆周),了解 DFT 的共轭对称性,尝试进行 GUI 功能设计。

3.2 实验原理

3.2.1 离散傅里叶变换(DFT)

如果序列 $x(n)$ 是有限长的,序列的谱分析可以采用离散傅里叶变换,其定义为

$$X(k) = \sum_{n=0}^{N-1} x(n) W_N^{nk}, 0 \leq k \leq N-1$$

$$x(n) = \frac{1}{N} \sum_{k=0}^{N-1} X(k) W_N^{-kn}, 0 \leq n \leq N-1$$

因为 $x(n)$ 与 $X(k)$ 都是离散的,所以可以利用计算机进行数值计算。从数学观点看,DFT 表示的是对序列 $x(n)$ 或 $X(k)$ 的线性运算。

将 $X(k)$ 展开表示为

$$\begin{cases} X(0) = x(0)W_N^{00}+x(1)W_N^{01}+x(2)W_N^{02}+\cdots+x(N-1)W_N^{0(N-1)} \\ X(1) = x(0)W_N^{10}+x(1)W_N^{11}+x(2)W_N^{12}+\cdots+x(N-1)W_N^{1(N-1)} \\ X(2) = x(0)W_N^{20}+x(1)W_N^{21}+x(2)W_N^{22}+\cdots+x(N-1)W_N^{2(N-1)} \\ \vdots \\ X(N-1) = x(0)W_N^{(N-1)0}+x(1)W_N^{(N-1)1}+x(2)W_N^{(N-1)2}+\cdots+x(N-1)W_N^{(N-1)(N-1)} \end{cases}$$

将上式表示成矩阵形式为

$$[X(0) \quad X(1) \quad \cdots \quad X(N-1)] = [x(0) \quad x(1) \quad \cdots \quad x(N-1)]$$

$$\begin{bmatrix} W_N^{00} & W_N^{10} & \cdots & W_N^{(N-1)0} \\ W_N^{01} & W_N^{11} & \cdots & W_N^{(N-1)1} \\ \vdots & \vdots & \ddots & \vdots \\ W_N^{0(N-1)} & W_N^{1(N-1)} & \cdots & W_N^{(N-1)(N-1)} \end{bmatrix} \begin{matrix} n\rightarrow \\ \\ \\ k\downarrow \end{matrix}$$

3.2.2 快速傅里叶变换(FFT)

快速傅里叶变换是离散傅里叶变换的高效算法,$x(n)$ 的基-2FFT 的计算原理如下,其中 n 是 2 的整数次幂。

将 $x(n)$ 分为奇数项和偶数项:

$$x(n) = x(2m+1)+x(2m) = x_1(m)+x_2(m)$$

将上式代入到 $x(n)$ 的 DFT 计算公式中,得:

$$X(k) = \sum_{n=0}^{N-1} x(n)W_N^{kn}$$

$$= \sum_{m=0}^{\frac{N}{2}-1} x(2m)W_N^{2mk} + \sum_{m=0}^{\frac{N}{2}-1} x(2m+1)W_N^{(2m+1)k}, 0 \le k \le N-1$$

化简 W_N^{2mk} 和 $W_N^{(2m+1)k}$:

$$W_N^{2mk} = e^{-\frac{2\pi \times 2mk}{N}j} = e^{-\frac{2\pi \times mk}{N/2}j} = W_{\frac{N}{2}}^{mk}$$

$$W_N^{(2m+1)k} = e^{-\frac{2\pi \times 2mk}{N}j - \frac{2k\pi}{N}j} = e^{-\frac{2\pi \times mk}{N/2}j} \cdot e^{-\frac{2k\pi}{N}j} = e^{-\frac{2k\pi}{N}j} W_{\frac{N}{2}}^{mk} = W_N^k W_{\frac{N}{2}}^{mk}$$

代入可得:

$$X(k) = \sum_{m=0}^{\frac{N}{2}-1} x(2m)W_{\frac{N}{2}}^{mk} + W_N^k \sum_{m=0}^{\frac{N}{2}-1} x(2m+1)W_{\frac{N}{2}}^{mk}$$

$$= X_1(k) + W_N^k X_2(k), 0 \le k \le \frac{N}{2}-1$$

这样就得到了 $X(k)$ 的前 $\frac{N}{2}$ 个点,其中 $X_1(k)$ 和 $X_2(k)$ 分别为 $x_1(m)$ 和 $x_2(m)$ 的 $\frac{N}{2}$

点 DFT。对于 $X(k)$ 的后 $\frac{N}{2}$ 个点,利用周期性和旋转因子的性质得到:

$$X\left(k+\frac{N}{2}\right) = X_1(k) - W_N^k X_2(k), 0 \leq k \leq \frac{N}{2} - 1$$

这样就将 N 点 DFT 的计算转换成了两个 $\frac{N}{2}$ 点 DFT 的计算。MATLAB 中使用 fft 函数进行 FFT 计算。

在 MATLAB 中,fft 函数的调用方式为

```
>> Y=fft(X)
```

若 X 为向量,则采用傅里叶变换来求解 X 的离散傅里叶变换;若 X 是矩阵,则计算该矩阵每一列的离散傅里叶变换;若 X 是 $(N×D)$ 维数组,则对第一个非单元素的维进行离散傅里叶变换。

```
>> Y=fft(X,N)
```

N 代表离散傅里叶变换 X 的数据长度,可以通过对 X 进行补零或者截取实现。

```
>> Y=fft(X,[],dim)
```

或

```
>> Y=fft(X,N,dim)
```

在参数 dim 指定的维上进行离散傅里叶变换,当 X 为矩阵时,dim 用来指定变换的实施方向;$dim=1$,表明变换按列进行;$dim=2$,表明变换按行进行。而用于进行快速逆傅里叶变换计算的 ifft 函数的参数应用与 fft 函数完全相同。

3.2.3 线性卷积

线性卷积是对线性移不变(LSI)系统的输入输出关系的描述,体现系统的特性。线性卷积的表达式为

$$y(n) = x(n) * h(n) = \sum_{k=-\infty}^{\infty} x(k)h(n-k) = \sum_{k=-\infty}^{\infty} h(k)x(n-k)$$

一般情况,现实的系统为因果系统,有 $k<0$ 时,恒有 $h(k)=0$,此时输出 $y(n)$ 也为因果信号,即

$$y(n) = \frac{1}{2}[x(n) + x^*(N-n)]$$

若 $x(n)$ 是一个 N 点序列,$h(n)$ 是一个 M 点序列,则卷积的结果 $y(n)$ 将是 $L=N+$

$M-1$ 点的序列。

MATLAB 中线性卷积的直接方法为 conv 函数：

```
>>conv(u,v);
```

简单来说就是以向量 u 和向量 v 内部元素为系数的多项式乘法运算，最后按升幂排列所获得的多项式系数即为线性卷积的结果。其次还有二维矩阵卷积运算：

```
>>conv2(u,v);
```

n 维矩阵卷积运算：

```
>>convn(u,v);
```

实验课本中的线性卷积主要运用的是离散序列信号的一维卷积 $\mathrm{conv}(u,v)$。

3.2.4 圆周卷积

圆周卷积也称循环卷积，假设 $x_{op}(n)=\frac{1}{2}[x(n)-x^*(N-n)]$，则有

$$Y(n) = \mathrm{IDFT}[Y(k)]$$
$$= \left[\sum_{m=0}^{N-1} X_1(m) X_2((n-m))_N\right] R_N(n)$$
$$= \left[\sum_{m=0}^{N-1} X_2(m) X_1((n-m))_N\right] R_N(n)$$

简单地来讲，通过补零、周期延拓、翻折序列、循环错位相乘求和后，最后即可得到圆周卷积结果。用 ⊗ 表示圆周卷积，则上式可化简为

$$y(n) = \mathrm{IDFT}[X_1(k)X_2(k)] = x_1(n) \otimes x_2(n) = x_2(n) \otimes x_1(n)$$

由化简可得，圆周卷积也可以由两个序列频域乘积的逆傅里叶变换所得到。

逆变换 IDFT 为

$$x(n) = \frac{1}{N}\sum_{k=0}^{N-1} X(n) W_N^{-nk},\ r=0,1,\cdots\frac{N}{2}-1$$

由上述实例离散傅里叶变换函数 dft.m 为基础可以编写出 idft.m 文件。

3.2.5 DFT 共轭对称性

若有长度为 N 的有限长序列 $x(n)$ 满足

$$x(n) = x^*(N-n),\ 0 \leq n \leq N-1$$

则称序列 $x(n)$ 为共轭对称序列，表示为 $x_{ep}(n)$。

对应的，若有长度为 N 的有限长序列 $x(n)$ 满足

$$x(n) = -x^*(N-n),\ 0 \leq n \leq N-1$$

则称序列 $x(n)$ 为共轭反对称序列，表示为 $x_{op}(n)$。

将 $n = \dfrac{N}{2} - n$ 代入可得

$$x_{ep}\left(\dfrac{N}{2}-n\right) = x_{ep}^*\left(\dfrac{N}{2}+n\right), 0 \leqslant n \leqslant \dfrac{N}{2}-1$$

$$x_{op}\left(\dfrac{N}{2}-n\right) = -x_{op}^*\left(\dfrac{N}{2}+n\right), 0 \leqslant n \leqslant \dfrac{N}{2}-1$$

设一长度为 N 的有限长序列 $x(n)$，令

$$x_{ep}(n) = \dfrac{1}{2}[x(n) + x^*(N-n)]$$

$$x_{op}(n) = \dfrac{1}{2}[x(n) - x^*(N-n)]$$

则有

$$x(n) = x_{ep}(n) + x_{op}(n)$$

即任何一个有限长序列都可以表示成一个共轭对称序列与共轭反对称序列的和，$x_{ep}(n)$ 称为 $x(n)$ 的共轭对称分量，$x_{op}(n)$ 称为 $x(n)$ 的共轭反对称分量。在频域下同样有类似结论，即

$$X(k) = X_{ep}(k) + X_{op}(k)$$

$$X_{ep}(k) = \dfrac{1}{2}[X(k) + X^*(N-k)]$$

$$X_{op}(k) = \dfrac{1}{2}[X(k) - X^*(N-k)]$$

设 $x(n)$ 的共轭复数序列为 $x^*(n)$，则

$$\mathrm{DFT}[x^*(n)] = X^*[(N-k)]_N$$

分别用 $x_r(n)$ 和 $x_i(n)$ 表示序列 $x(n)$ 的实部和虚部，即

$$x(n) = x_r(n) + jx_i(n)$$

$$\begin{cases} x_r(n) = \dfrac{1}{2}[x(n) + x^*(n)] \\ x_i(n) = \dfrac{1}{2}[x(n) - x^*(n)] \end{cases}$$

分别用 $X_R(k)$ 和 $X_I(k)$ 表示实部和虚部序列的 DFT，即

$$X_R(k) = \mathrm{DFT}[x_r(n)]$$

$$X_I(k) = \mathrm{DFT}[x_i(n)]$$

而且可以证明得到

$$X_R(k) = X_R^*[(N-k)]_N$$

$$X_I(k) = -X_I^*[(N-k)]_N$$

通常称 $X_R(k)$ 为 $X(k)$ 的共轭偶部，$X_I(k)$ 为 $X(k)$ 的共轭奇部。所以说，对于时域、频域的 DFT 对应关系来说，序列 $x(n)$ 的实部对应于 $X(k)$ 的共轭偶部，序列 $x(n)$ 的虚部对应于 $X(k)$ 的共轭奇部。

3.2.6 GUI 功能设计

图形用户界面(Graphical User Interfaces, GUI)是一种用户和计算机进行信息交流的工具和方法，由各种图形对象组成，在这种用户界面下，用户的命令和对程序的控制是通过鼠标等输入设备"选择"各种图形对象来实现的。软件开发者只需在由软件开发工具自动生成的程序代码中添加自己的运算或控制代码，就可以完成应用程序的设计。目前 90% 以上的应用程序和软件都是在 GUI 下运行的。

MATLAB 有两种图形用户界面控件的创建方式，即基于命令行的编程方式制作和基于 GUIDE 中的图形用户界面开发工具的制作。本书主要介绍基于 GUIDE 的创建方式。

在 MATLAB 命令行中输入 guide，回车，进入运行界面，如图 3.1 所示，左边两列为基本的控件单元，分别有：按钮、滑动条、单选按钮、复选框、可编辑文本、静态文本、弹出式菜单、列表框、切换按钮、表、坐标区、面板、按钮组、ActiveX 控件等。常用 GUI 界面功能调用代码见表 3.1。

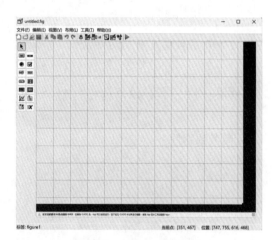

图 3.1 guide 运行界面

表 3.1 常用 GUI 界面功能调用代码表

功能	调用代码
打开文件，获取路径	uigetfile({'文件格式'},'文件路径')
显示图片区域	axes(handles.edit1,'数据类型')
类型转换	str2num
	num2str
获取用户输入数据	get(handles.edit1,'数据类型')
获取输入序列长度	length(x)
画火柴梗图	stem(y(x),x,'线型',线宽)

3.3 实例分析

3.3.1 根据离散傅里叶变换的定义编写 dft.m 程序

参考源程序：

```
>>function [Xk] = dft(xn,N)         %定义函数名 dft,参量 xn、N
>>n = 0 : N - 1;                     %根据表达式定义各个变量得出结果
>>k = 0 : N - 1;
>>WN = exp(-i*2*pi/N);
>>nk = n' * k;
>>WNnk = WN .^nk;
>>Xk = xn * WNnk;
```

3.3.2 fft 函数的几种使用方法

已知 $x_1 = [1,2,3,4,5]$，$x_2 = \begin{bmatrix} 1 & 2 & 3 \\ 4 & 5 & 6 \\ 7 & 8 & 9 \end{bmatrix}$，求 x_1，x_2 的 fft。

参考源程序：

```
>>X1=[1,2,3,4,5];
>>Y1=fft(X1);
>>X2=[1,2,3
      4,5,6
      7,8,9];
>>Y1=fft(X1,[],1);
>>Y2=fft(X2,[],2);
```

3.3.3 在含有噪声的信号 $x(t)$ 频域中获取有用的信号

参考源程序：

```
>>t=0:0.002:1;                              %采样频率 500 Hz
>>x= sin(200*pi*t)+sin(500*pi*t)+rand(size(t));
>>subplot(2,1,1);                           %显示 x(t)
>>plot(x(1:100));                           %时域信号画图
>>xlabel('t')
>>ylabel('f(t)')
>>title('信号时域图')
>>y=fft(x,512);                             %进行 512 点傅里叶变换
```

```
>>freq=500*(0:511)/512;                %设置与赋值数量对应的频率坐标
>>subplot(2,1,2);
>>plot(freq,y(1:512));                 %频域信号绘制
>>xlabel('f')
>>ylabel('y(f)')
>>title('信号频域图')
```

结果如图 3.2 所示：

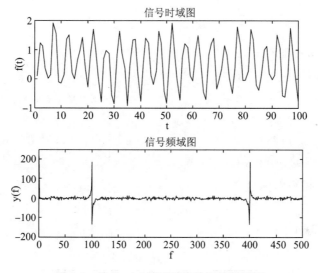

图 3.2　信号 $x(t)$ 傅里叶变换后的频域图

3.3.4　离散逆傅里叶变换 idft.m 程序

参考源程序：

```
>>function [xn] = idft(Xk,N)          %根据定义式,整个过程与dft.m函数类似
>>n = [0:1:N-1];
>>k = [0:1:N-1];
>>WN = exp(-j*2*pi/N);
>>nk = k'*n;
>>WNnk = WN .^(-nk);
>>xn = (Xk*WNnk)/N;
```

例 1　已知 $x=[1,2,4,2,-1,5]$，$h=[4,-2,3,1,3]$，用三种不同的方式求 $N=6$ 圆周卷积。

解　（1）根据定义求解。

主程序为

```
>>clear all
>>N = 6;                              %设置卷积长度为6与两个卷积序列长度相同
>>x1 = [1,2,4,2,-1,5];
>>x2 = [4,-2,3,1,3,0];
>>x3 = [-2,3,1,3,0,4,-2,3,1,3,0];     %周期延拓后的x2序列
>>subplot(2,1,1)
>>stem(x3)
>>xlabel('t');
>>ylabel('f(t)');
>>title('周期延拓');
>>subplot(2,1,2)
>>stem(fliplr(x3))                    %画出周期延拓后的翻转图像
>>xlabel('t');
>>ylabel('f(t)')
>>title('周期延拓翻转');
>>xf = fliplr(x3);
```

结果如图 3.3 所示：

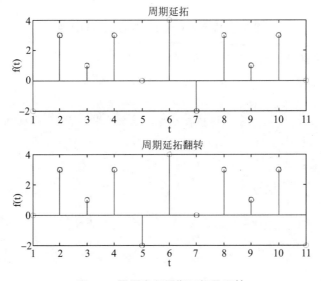

图 3.3　圆周卷积周期延拓及翻转

再将信号进行 N 次平移。

主程序为

```
>>clear all
>>N=6;
>>x1=[1,2,4,2,-1,5];
>>x2=[4,-2,3,1,3,0];
>>x3=[-2,3,1,3,0,4,-2,3,1,3,0];
>>xf=fliplr(x3);
>>figure
>>for i = 1:N
>>Xi=circshift(xf,[6,i-1]);
>>Xi(:,1:i-1)=[];
>>Xi=[zeros(1,i-1),Xi]
>>subplot(7,1,i)
>>stem(1:11,Xi)
>>title('平移')
>>xlabel('t')
>>ylabel('f(t)')
>>Yi=sum(Xi.*[zeros(1,5),x1])
>>M(:,i)=[Yi]
>>end
>>subplot(7,1,7)
>>stem(0:5,x1(1:6))
>>title('平移')
>>xlabel('t')
>>ylabel('f(t)')
```

实验结果如图 3.4 所示：

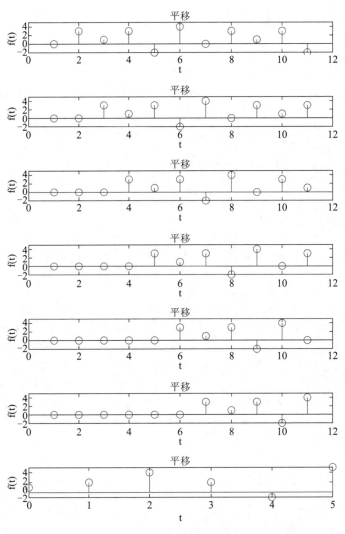

图 3.4　信号 N 次平移图

（2）通过逆傅里叶变换求解。

主程序为

```
>>x=[1,2,4,2,-1,5];
>>h=[4,-2,3,1,3,0];                  %补零
>>X=fft(x,6);                        %对 x 序列傅里叶变换
>>H=fft(h,6);                        %对 h 序列傅里叶变换
>>Z=fft(X.*H,6)                      %序列频域乘积逆傅里叶变换
>>stem(Z)
>>title('圆周卷积结果');
```

```
>>xlabel('时间');
>>ylabel('幅值');
```

结果如图 3.5 所示：

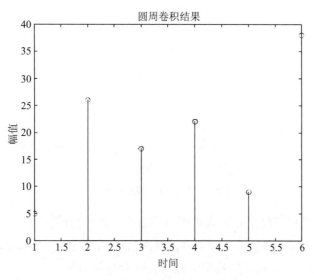

图 3.5　圆周卷积结果

（3）通过内置圆周卷积函数 cconv 求解。

主程序为

```
>>x=[1,2,4,2,-1,5];
>>h=[4,-2,3,1,3];
>>Z=cconv(x,h,6);
>>stem(Z)
>>title('系统函数圆周卷积结果');
>>xlabel('时间');
>>ylabel('幅值');
```

实验结果如图 3.6 所示：

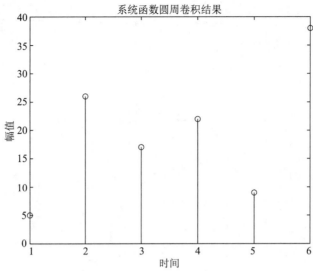

图 3.6　系统函数圆周卷积结果

通过上述实例可知此三种方式求解圆周卷积都是可行的。

例 2　设 $x1=[2,3,4,2,2]$，$x2=[1,3,1,4]$，$x1$ 长度为 $M=5$，$x2$ 长度为 $N=4$，通过改变圆周卷积长度 L，找到圆周卷积可以替代线性卷积的条件。

解　主程序为

```
>> x1=[2,3,4,2,2];
>> x2=[1,3,1,4];
```

（1）线性卷积为

```
>>conv(x1,x2)
```

运行结果如下：

```
ans = 2    9    15    25    24    24    10    8
```

（2）当 $L=6$ 时圆周卷积为

```
>>cconv(x1,x2,6)
```

运行结果如下：

```
ans = 12    17    15    25    24    24
```

(3) 当 $L=7$ 时圆周卷积为

```
>>cconv(x1,x2,7)
```

运行结果如下：

```
ans = 10   9   15   25   24   24   10
```

(4) 当 $L=8$ 时圆周卷积为

```
>>cconv(x1,x2,8)
```

运行结果如下：

```
ans = 2   9   15   25   24   24   10   8
```

(5) 当 $L=9$ 时圆周卷积为

```
>>cconv(x1,x2,9)
```

运行结果如下：

```
ans = 2   9   15   25   24   24   10   8
```

可得当 $L \geq M+N-1$ 时，圆周卷积可以替代线性卷积。

例3 对序列 $x=[1,2,3,4,5,6,7,8]$ 进行 $N=8$ 点离散傅里叶变换，观察其共轭对称性。

解 主程序为

```
>> dft([1,2,3,4,5,6,7,8],8)
```

运行结果如下：

```
ans = 36.0000 + 0.0000i   -4.0000 + 9.6569i   -4.0000 + 4.0000i
      -4.0000 + 1.6569i   -4.0000 - 0.0000i   -4.0000 - 1.6569i
      -4.0000 - 4.0000i   -4.0000 - 9.6569i
```

观察结果的实部存在如下规律：$X_R(5)=X_R^*(3), X_R(6)=X_R^*(2), X_R(7)=X_R^*(1)$。同理观察结果的虚部存在如下规律：$X_I(k)=-X_R^*(N-k)$，即为 DFT 的共轭对称性。注意此处 MATLAB 中的第一列对应 $X(0)$。

3.4 编程练习

1. 如果 $x(n)=\sin(n\pi/8)+\sin(n\pi/4)$ 是一个 $N=16$ 的有限序列，用 MATLAB 求其

DFT 的结果,并画出结果图。

2. 对以下序列进行频谱分析,分别选择 FFT 变换区间 $N=8$,$N=16$ 两种情况。

(1) $x_1(n) = \cos\dfrac{\pi}{4}n$;

(2) $x_2(n) = \cos\dfrac{\pi}{4}n + \cos\dfrac{\pi}{8}n$。

3. 考虑序列 $x(n) = \cos(0.48\pi n) + \cos(0.52\pi n)$,使用第 1 题编写的 dft 子函数完成下列各题。

(1) 求 $x(n)$,$0 \leqslant n \leqslant 9$ 的 10 点 DFT,画出 $[0,\pi)$ 幅度谱;

(2) 求 $x(n) = \begin{cases} x(n), 0 \leqslant n \leqslant 9 \\ 0, 11 \leqslant n \leqslant 99 \end{cases}$ 的 100 点 DFT,画出 $[0,\pi)$ 幅度谱;

(3) 求 $x(n)$,$0 \leqslant n \leqslant 99$ 的 100 点 DFT,画出 $[0,\pi)$ 幅度谱。

4. 对信号 $x(n) = \cos(0.48\pi n) + \cos(0.52\pi n)$,$0 \leqslant n \leqslant 511$,分别使用 dft 函数和 fft 函数计算 $x(n)$ 的 512 点离散傅里叶变换 $X(k)$,比较计算时间。

(注:MATLAB 中在需要计时的代码前加上 tic,代码后加上 toc,可以记录代码运行时间)

5. 现有一带噪信号 x,由下列代码产生:

```
>>clear randn('state',1)
>>Fs=1000;
>>t=0:1/Fs:0.4;
>>x=sin(2*pi*10*t)+cos(2*pi*100*t)+randn(size(t));
```

使用函数分析 x 的频谱。

6. 设计一个图形用户界面,实现输入两个序列后出现在界面上,并提供可选择的两种卷积方法来对输入的序列进行卷积运算,结果也以火柴梗图呈现在坐标轴内。[通过时域直接法(翻转、移位、相乘相加)自行编写线性卷积与圆周卷积算法,尽量不要直接使用 MATLAB 内置函数进行运算]

7. 在练习 6 中 GUI 界面添加更多功能与控件单元(如增加不同类型信号的卷积选择,卷积过程可视化、图形美化等)。

8. 通过 MATLAB 画图体现出 DFT 的共轭对称性。[包括对称分量图形,$X_{ep}(k)$、$X_{op}(k)$ 等,通过公式编写一个函数来实现序列对称分量求解,并验证 $x = 10*(0.8)n$ 的对称性]

实验四
数字滤波器的结构实现

4.1 实验目的

- 通过 MATLAB 了解数字滤波器的结构。
- 掌握通过 MATLAB 进行模拟原型滤波器的设计。

4.2 实验原理

在滤波器的级联的实现中,$M-1$ 阶因果有限冲激响应传输函数 $H(z)$ 的因式形式可由下述的多项式表示来确定:

$$H(z) = \sum_{0}^{M-1} h[k]x[n-k]$$

该表示因此可用于以级联形式实现 $H(z)$。

首先使用命令 $[z,p,k] = $ tf2zp(num,den),将传递函数转换为零极点形式,其中,z 表示函数的零点,p 表示函数的极点,k 表示函数的增益,num 是离散时间系统的分子系数向量,den 是离散时间系统的分母系数向量。然后,使用命令 sos = zp2sos(z,p,k),将零极点增益转换为二次分式,即可使用命令 disp(' ')显示离散系统的零极点和增益的值。

因果无限冲击响应传输函数有两种并联方式可以实现,并联 1 型基于 z^{-1} 的部分分式展开,它可通过 residuez 函数得到;并联 2 型基于 z 的部分分式展开,它可通过 residue 函数得到。使用命令 $[r,p,k] = $ residuez(num,den),可将多项式系数转换为 z^{-1} 的部分分式展开式,使用命令 $[r,p,k] = $ residue(num,den),可将多项式系数转换为 z 的部分分式展开式。

N 阶因果无限冲激响应传输函数 $H(z)$ 的 Gray-Markel 级联格型实现,基于中间全通传输函数 $A_N(z)$ 的级联格型实现,该传输函数和 $H(z)$ 有相同的分母,其后伴随着两个复杂结构中列出的内部状态变量及全通输出变量的加权组合。感兴趣的同学可查阅相关资料，此处不作要求。

滤波器设计过程中，在给定滤波器的阶数而没有给定指标的情况下，首先是使用命令 $[z,p,k]=\text{buttap}(n)$，计算 n 阶模拟低通原型，得到左半平面零极点和增益；然后，使用命令 $b=k*\text{poly}(z)$，求出归一化滤波器分子系数 b，使用命令 $a=\text{poly}(p)$，求出归一化滤波器分母系数 a；随后，使用命令 $[H,w]=\text{freqs}(b,a)$，求出归一化系统的频率特性；最后，使用命令 $pb=\text{poly2str}(b,'p')$，给出 b 决定的关于 p 的多项式，使用命令 $pa=\text{poly2str}(a,'p')$，给出 a 决定的关于 p 的多项式，完成滤波器的设计。其中，freqs 函数可用于计算一个模拟滤波器的频率响应，而 poly2str 函数可用于对多项式进行拟合。

在给定滤波器的指标而没有给定阶数的情况下，第一步是选择接近所使用的滤波器的类型，然后由滤波器指标来估计传输函数的阶数。比如，用来估计巴特沃斯滤波器的阶数的 MATLAB 命令是 $[N,wn]=\text{buttord}(wp,ws,Rp,As)$，其中 wp 是归一化通带边界频率，ws 是归一化阻带边界频率，Rp 是通带波纹，As 是最小阻带衰减，这项命令用于计算滤波器的阶数和 3 dB 截止频率，然后使用命令 $[z,p,k]=\text{buttap}(N)$ 计算 N 阶模拟低通原型，随后使用命令 $b=k*\text{poly}(z)$，求出归一化滤波器分子系数 b，使用命令 $a=\text{poly}(p)$，求出归一化滤波器分母系数 a，最后使用命令 $[H,w]=\text{freqs}(b,a)$，求出归一化系统的频率特性，完成滤波器的设计。

MATLAB 提供了一组标准的数字滤波器设计函数，大大简化了滤波器的设计过程。比如使用命令 $[b,a]=\text{butter}(n,wn,'ftype','s')$ 设计巴特沃斯滤波器，其中 n 表示滤波器的阶数，wn 表示滤波器的截止频率，在设计数字滤波器时，它的范围在 0 到 1 之间，其中 1 对应 $0.5fs$（fs 为采样频率），在设计模拟滤波器时，wn 为模拟频率。选项中加入 $'s'$ 表示设计模拟巴特沃斯滤波器，不加则表示数字巴特沃斯滤波器；$ftype$ 为缺省时，表示设计低通滤波器；$ftype=\text{bandpass}$，wn 为二元向量时，表示设计带通滤波器；$ftype=\text{high}$ 时，表示设计高通滤波器；$ftype=\text{stop}$，wn 为二元向量时，表示设计带阻滤波器。

MATLAB 可使用命令 $[b,a]=\text{cheby1}(n,Rp,wn,'ftype',)$、$[b,a]=\text{cheby2}(n,Rs,wn,'ftype')$ 和 $[b,a]=\text{ellip}(n,Rp,Rs,wn,'ftype',)$ 分别用来设计 Ⅰ 型、Ⅱ 型切比雪夫滤波器和椭圆滤波器。其中 n 表示滤波器阶数，Rp 和 As 分别代表通带边衰减值和阻带边衰减值，wn 为截止频率，$ftype$ 含义与上述相同。

4.3 实例分析

4.3.1 数字滤波器的结构

1. 级联的实现

参考源程序：

```
>>num=[2 10 2 34 31 16 4];
>>den=[36 78 87 59 26 7 1];
>>[z,p,k]=tf2zp(num,den);        %将传递函数转换为零极点形式
>>sos=zp2sos(z,p,k);             %将零极点增益转换为二次分式
>>disp('零点在');disp(z);         %显示零点位置
>>disp('极点在');disp(p);         %显示极点位置
>>disp('增益');disp(k);           %显示增益的值
```

运行结果如下：

零点在

    -5.3194 + 0.0000i
     0.6203 + 1.7296i
     0.6203 - 1.7296i
    -0.2412 + 0.4422i
    -0.2412 - 0.4422i
    -0.4389 + 0.0000i

极点在

    -0.5000 + 0.2887i
    -0.5000 - 0.2887i
    -0.3333 + 0.4714i
    -0.3333 - 0.4714i
    -0.2500 + 0.4330i
    -0.2500 - 0.4330i

增益

    0.0556

2. 级联和并联实现

参考源程序：

```
>>num=[2 10 2 34 31 16 4];
>>den=[36 78 87 59 26 7 1];
>>[r1,p1,k1]=residuez(num,den);   %将多项式系数转换为 $z^{-1}$ 部分分式展开式
>>[r2,p2,k2]=residue(num,den);    %将多项式系数转换为 $z$ 部分分式展开式
>>disp('并联1型');
```

```
>>disp('留数是');disp(r1);
>>disp('极点在');disp(p1);
>>disp('增益');disp(k1);
>>disp('并联2型');
>>disp('留数是');disp(r2);
>>disp('极点在');disp(p2);
>>disp('增益');disp(k2);
```

运行结果如下：

并联1型

留数是

　-0.5556 + 5.1462i

　-0.5556 - 5.1462i

　-2.0952 - 5.0862i

　-2.0952 + 5.0862i

　0.6786 + 0.0619i

　0.6786 - 0.0619i

极点在

　-0.3333 + 0.4714i

　-0.3333 - 0.4714i

　-0.5000 + 0.2887i

　-0.5000 - 0.2887i

　-0.2500 + 0.4330i

　-0.2500 - 0.4330i

增益

　　4

并联2型

留数是

　-2.2407 - 1.9773i

　-2.2407 + 1.9773i

　2.5159 + 1.9382i

　2.5159 - 1.9382i

-0.1964 + 0.2784i

-0.1964 - 0.2784i

极点在

-0.3333 + 0.4714i

-0.3333 - 0.4714i

-0.5000 + 0.2887i

-0.5000 - 0.2887i

-0.2500 + 0.4330i

-0.2500 - 0.4330i

增益

0.0556

3. Gray-Markel 级联格型实现

参考源程序：

```
>>num=[2 10 2 34 31 16 4];
>>den=[36 78 87 59 26 7 1];
>>N=length(den)-1;                          %分母多项式的阶数
>>k=ones(1,N);
>>a1=den/den(1);
>>alpha=num(N+1:-1:1)/den(1);
>>for ii=N:-1:1
>>alpha(N+2-ii:N+1)=alpha(N+2-ii:N+1)-alpha(N-ii+1)*a1(2:ii+1);
>>k(ii)=a1(ii+1);
>>a1(1:ii+1)=(a1(1:ii+1)-k(ii)*a1(ii+1:-1:1))/(1-k(ii)*k(ii));
>>end
>>disp('格型参数是');disp(k);
>>disp('前馈乘法器是');disp(alpha);
```

运行结果如下：

格型参数是

   0.8109   0.7711   0.5922   0.3717   0.1344   0.0278

前馈乘法器是

0.1111　0.2037　0.1520　-0.0474　-0.5979　0.8613
-0.2407

4. 巴特沃斯低通滤波器的设计

进行巴特沃斯低通滤波器原型的设计,获得任意阶数 N 的归一化的系统函数,并画出幅频特性图。

参考源程序:

```
>>N=4;
>>[z0,p0,k0]=buttap(n);        %计算N阶模拟低通原型,得到左半平面零极点
>>b0=k0*poly(z0);              %求滤波器系数b0
>>a0=poly(p0);                 %求滤波器系数a0
>>[h,w]=freqs(b0,a0);          %显示系统的频率特性
>>plot(w/2*pi,abs(h));         %画幅频特性图
>>axis([0,5,0,1.1]);
>>xlabel('f');ylabel('y(f)');
>>title('巴特沃斯低通滤波器');
>>pb=poly2str(b0,'p');         %给出b0决定的关于p的多项式
>>pa=poly2str(a0,'p');         %给出a0决定的关于p的多项式
```

实验结果如图 4.1 所示:

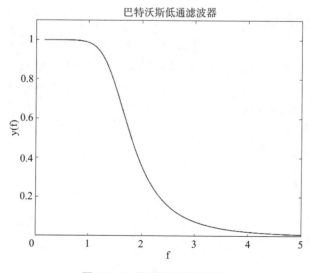

图 4.1　巴特沃斯低通滤波器

5. 给定参数的巴特沃斯低通滤波器的设计

参考源程序：

```
>>fp=2000;wp=2*pi*fp;                    %输入滤波器的通带截止频率
>>fs=5000;ws=2*pi*fs;                    %输入滤波器的阻带截止频率
>>Rp=1;As=20;                            %输入滤波器的通阻带衰减指标
>>[N,wc]=buttord(wp,ws,Rp,As,'s');       %计算滤波器的阶数和 3 dB 截止频率
>>[z0,p0,k0]=buttap(N);                  %计算 N 阶模拟低通原型
>>b0=k0*poly(z0);                        %求归一化滤波器分子系数 b0
>>a0=poly(p0);                           %求归一化滤波器分母系数 a0
>>[H,w]=freqs(b0,a0);                    %求归一化系统的频率特性
>>dbH=20*log10(abs(H)/max(abs(H)));
                                         %将归一化的幅频特性化为分贝值
>>subplot(2,2,1);plot(w*wc/(2*pi),abs(H));grid;
>>axis([0 6000 0 1.1]);
>>xlabel('f');ylabel('y1(f)');title('幅度');
                                         %画出所求滤波器的幅频响应图
>>subplot(2,2,2);plot(w*wc/(2*pi),angle(H));grid;
>>axis([0 6000 -4 4]);
>>xlabel('f');ylabel('y2(f)');title('相位');
                                         %画出所求滤波器的相频响应图
>>subplot(2,2,3);plot(w*wc/(2*pi),dbH);grid;
>>axis([0 6000 -30 2]);
>>xlabel('f');ylabel('y3(f)');title('幅度(dB)');
                                         %画出所求滤波器的幅频响应分贝图
>>subplot(2,2,4);pzmap(b0,a0);
>>xlabel('实部');ylabel('虚部');title('零极点图');
                                         %画出所求滤波器的极点图
>>axis equal;grid on;
```

实验结果如图 4.2 所示：

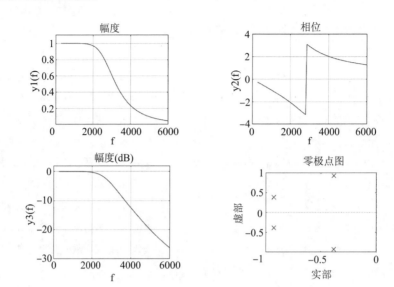

图 4.2　给定参数的巴特沃斯低通滤波器

6. 切比雪夫 I 型模拟原型滤波器的设计

设计 4 阶通带波纹为 0.5 的切比雪夫 I 型模拟原型滤波器。

参考源程序：

```
>>n=4;
>>Rp=0.5;
>>[z0,p0,k0]=cheb1ap(n,Rp);
>>b0=k0*poly(z0);
>>a0=poly(p0);
>>[h,w]=freqs(b0,a0);
>>plot(w,abs(h),'r');
>>axis([0 5 0 1]);
>>xlabel('f');ylabel('y(f)');
>>title('切比雪夫 I 型模拟原型滤波器');
>>Pb=poly2str(b0,'p');
>>Pa=poly2str(a0,'p');
```

实验结果如图 4.3 所示：

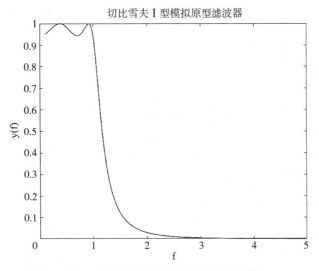

图 4.3 切比雪夫 I 型模拟原型滤波器

7. 给定参数的切比雪夫 I 型模拟原型滤波器的设计

设置通带频率 2 000 Hz,阻带频率 5 000 Hz,通带波纹系数 1,阻带波纹系数 20。

参考源程序:

```
>> fp=2000;wp=2*pi*fp;
>> fs=5000;ws=2*pi*fs;
>> Rp=1;As=20;
>> [n,wp]=cheb1ord(wp,ws,Rp,As,'s');
>> [z0,p0,k0]=cheb1ap(n,Rp);
>> b0=k0*poly(z0);
>> a0=poly(p0);
>> [H,w]=freqs(b0,a0);
>> dbH=20*log10(abs(H)/max(abs(H)));
>> subplot(2,2,1);
>> plot(w*wp/(2*pi),abs(H));grid;
>> axis([0 6000 0 1.1]);
>> xlabel('f');ylabel('y1(f)');title('幅度');
>> subplot(2,2,2);
>> plot(w*wp/(2*pi),angle(H));grid;
>> axis([0 6000 -4 4]);
>> xlabel('f');ylabel('y2(f)');title('相位');
>> subplot(2,2,3);
>> plot(w*wp/(2*pi),dbH);grid;
```

```
>> axis([0 6000 -50 2]);
>> xlabel('f');ylabel('y3(f)');title('幅度(dB)');
>> subplot(2,2,4);
>> pzmap(b0,a0);
>> xlabel('实部');ylabel('虚部');title('零极点图');
>> axis square;axis equal;grid on;
>> wx0=[wp,ws]/wp;
>> Hx=freqs(b0,a0,wx0);
>> dbHx=-20*log10(abs(Hx)/max(abs(H)));
```

实验结果如图 4.4 所示：

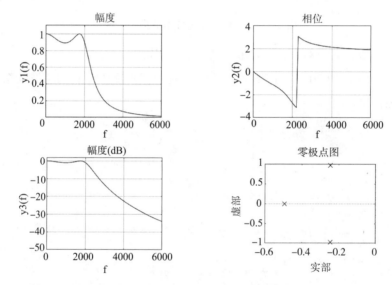

图 4.4　给定参数的切比雪夫 I 型模拟原型滤波器

8. 椭圆模拟原型滤波器的设计

参考源程序：

```
>>n=4;
>>Rp=0.5;
>>As=20;
>>[z0,p0,k0]=ellipap(n,Rp,As);
>>b0=k0*poly(z0);
>>a0=poly(p0);
>>[h,w]=freqs(b0,a0);
```

```
>>plot(w,abs(h),'r');
>>axis([0 5 0 1.1]);
>>xlabel('f');ylabel('y(f)');
>>title('椭圆模拟原型滤波器');
>>Pb=poly2str(b0,'p');
>>Pa=poly2str(a0,'p');
```

实验结果如图 4.5 所示：

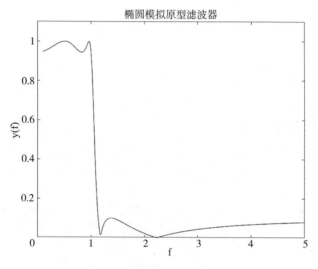

图 4.5　椭圆模拟原型滤波器

9. 给定参数的椭圆模拟原型滤波器的设计

参考源程序：

```
>>fp=2000;ws=2*pi*fp;
>>fs=5000;ws=2*pi*fs;
>>Rp=2;As=50;
>>[n,wn]=ellipord(wp,ws,Rp,As,'s');
>>[z0,p0,k0]=ellipap(n,Rp,As);
>>b0=k0*poly(z0);
>>Pb=poly2str(b0,'p');
>>a0=poly(p0);
>>Pa=poly2str(a0,'p');
>>[H,w]=freqs(b0,a0);
>>dbH=20*log10(abs(H)/max(abs(H)));
```

```
>>subplot(2,2,1);
>>plot(w*wn/(2*pi),abs(H));grid;
>>axis([0 10000 -0.1 1.1]);
>>xlabel('f');ylabel('y1(f)');title('幅度');
>>subplot(2,2,2);
>>plot(w*wn/(2*pi),angle(H));grid;
>>axis([0 10000 -4 4]);
>>xlabel('f');ylabel('y2(f)');title('相位');
>>subplot(2,2,3);
>>plot(w*wn/(2*pi),dbH);grid;
>>axis([0 10000 -100 2]);
>>xlabel('f');ylabel('y3(f)');title('幅度(dB)');
>>subplot(2,2,4);
>>pzmap(b0,a0);
>>xlabel('实部');ylabel('虚部');title('零极点图');
>>axis([-0.3 0.1 -5 5]);
>>wx0=[wp,ws]/wp;
>>Hx=freqs(b0,a0,wx0);
>>dbHx=-20*log10(abs(Hx)/max(abs(H)));
```

实验结果如图 4.6 所示：

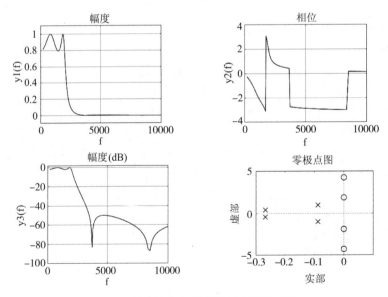

图 4.6　给定参数的椭圆模拟原型滤波器

10. 数字滤波器的简单设计

参考源程序：

```
>>[b1,a1] = butter(5,250/500,'high');
>>figure(1);
>>freqz(b1,a1,512,1000);
>>title('巴特沃斯高通滤波器');

>>[b2,a2]=cheby1(6,40,200/400,'high');
>>figure(2);
>>freqz(b2,a2,512,800);
>>title('切比雪夫Ⅰ型高通滤波器');

>>[b3,a3]=cheby2(7,30,300/500);
>>figure(3);
>>freqz(b3,a3,512,1000);
>>title('切比雪夫Ⅱ型低通滤波器');

>>[b4,a4] = butter(2,[400/800,600/800],'stop');
>>figure(4);
>>freqz(b4,a4,512,1600);
>>title('巴特沃斯带阻滤波器');
```

实验结果如图 4.7 所示：

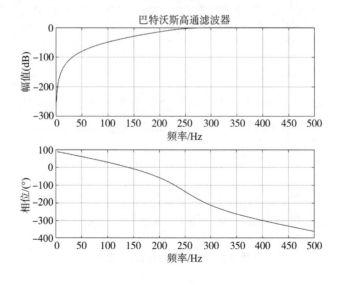

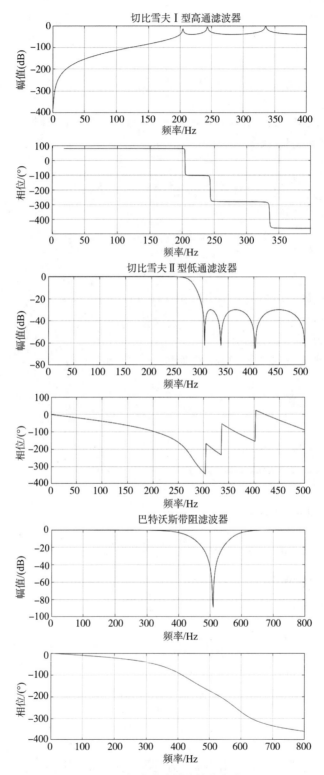

图 4.7 数字滤波器的简单设计

4.4 编程练习

1. 使用 MATLAB 生成如下有限冲激响应传输函数的一个级联实现并画出实现的框图。

$$H1(z) = 2+10z^{-1}+25z^{-2}+35z^{-3}+30z^{-4}+15z^{-5}+5z^{-6}$$

2. 使用 MATLAB 生成如下因果无限冲激响应传输函数的两种并联形式实现,并画出两种实现的框图。

$$H(z) = \frac{3+8z^{-1}+12z^{-2}+7z^{-3}+2z^{-4}+2z^{-5}}{16+24z^{-1}+24z^{-2}+14z^{-3}+5z^{-4}+z^{-6}}$$

3. 通过模拟滤波器原型设计一个巴特沃斯模拟低通滤波器,要求通带截止频率为 1 kHz,通带最大衰减为 2 dB,阻带截止频率为 5 kHz,阻带最小衰减为 40 dB。

4. 通过模拟滤波器原型设计一个切比雪夫 I 型模拟低通滤波器,要求通带截止频率为 2 kHz,通带最大衰减为 1 dB,阻带截止频率为 5 kHz,阻带最小衰减为 20 dB。

5. 通过模拟滤波器原型设计一个椭圆模拟低通滤波器,要求通带截止频率为 3 kHz,通带最大衰减为 5 dB,阻带截止频率为 10 kHz,阻带最小衰减为 80 dB。

6. 设计如下要求的数字滤波器,并画出频率响应图。

(1) 4 阶巴特沃斯低通滤波器,截止频率为 500 Hz,采样频率为 2 000 Hz;

(2) 5 阶切比雪夫 I 型低通滤波器,截止频率为 200 Hz,阻带最小衰减为 20 dB,采样频率为 1 000 Hz;

(3) 6 阶切比雪夫 II 型高通滤波器,截止频率为 400 Hz,通带最小衰减为 40 dB,采样频率为 1 500 Hz;

(4) 7 阶巴特沃斯带通滤波器,通带为 300~700 Hz,采样频率 1 500 Hz。

实验五
IIR 数字滤波器设计

5.1 实验目的

- 掌握 IIR 数字滤波器的设计原理、设计方法和设计步骤。
- 掌握使用脉冲响应不变法和双线性变换法设计 IIR 数字滤波器。
- 掌握运用 MATLAB 根据给定的滤波器指标进行 IIR 数字滤波器设计。

5.2 实验原理

5.2.1 IIR 数字滤波器的系统函数及特点

IIR 数字滤波器的系统函数为

$$H(z)=\frac{B(z)}{A(z)}=\frac{\sum_{n=0}^{M}b_n z^{-n}}{\sum_{n=0}^{N}a_n z^{-n}}=\frac{b_0+b_1 z^{-1}+\cdots+b_M z^{-M}}{1+a_1 z^{-1}+\cdots+a_N z^{-N}}; a_0=1$$

IIR 数字滤波器的差分方程为

$$y(n)=\sum_{m=0}^{M}b_m x(n-m)-\sum_{m=1}^{N}a_m y(n-m)$$

IIR 数字滤波器的实现有三种结构:直接型、级联型和并联型。

5.2.2 IIR 数字滤波器的设计与实现

利用在 MATLAB 设计 IIR 数字滤波器可分以下几步来实现:

(1) 按一定规则将 IIR 数字滤波器的技术指标转换为模拟低通滤波器的技术指标;

(2) 根据转换后的技术指标,使用滤波器阶数函数来确定滤波器的最小阶数 N 和截止频率 ω_c;

(3) 利用最小阶数 N 产生模拟低通滤波原型;

(4) 利用截止频率 ω_c 把模拟低通滤波器原型转换成模拟带通原型;

(5) 利用脉冲响应不变法或双线性不变法把模拟滤波器转换成 IIR 数字滤波器。

5.2.3 使用脉冲响应不变法和双线性变换法设计 IIR 数字滤波器

一般来说,在要求时域冲激响应能模仿模拟滤波器的场合,一般使用脉冲响应不变法。脉冲响应不变法的一个重要特点是频率坐标的变换是线性的,因此如果模拟滤波器的频响带限于折叠频率的话,则通过变换后滤波器的频响应可不失真的反映原响应与频率的关系。与脉冲响应不变法相比,双线性变换法的主要优点是靠频率的非线性关系得到 S 平面与 Z 平面的单值——对应关系,整个值对应于单位圆一周。所以从模拟传递函数可直接通过代数置换得到 IIR 数字滤波器的传递函数。

(1) 脉冲响应不变法。

MATLAB 中使用函数 $[ba,az]$ = impinvar(b,a,fs) 进行脉冲响应不变法设计 IIR 数字滤波器。其中 fs 为采样频率,b 和 a 分别为模拟滤波器的传递函数的系数。

(2) 双线性变换法。

MATLAB 中使用函数 $[ba,az]$ = bilinear(b,a,fs) 进行双线性变换法设计 IIR 数字滤波器。但需要注意使用 butter 函数设计模拟滤波器前需要进行预畸变处理。

5.3 实例分析

5.3.1 用脉冲响应不变法设计 IIR 数字滤波器

例1 设计一个中心频率为 500 Hz,带宽为 700 Hz 的 IIR 数字带通滤波器,采样频率为 1 000 Hz。

解 主程序为

```
>>[z,p,k]=buttap(3);
>>[b,a]=zp2tf(z,p,k);
>>[bt,at]=lp2bp(b,a,500*2*pi,700*2*pi);
>>[bz,az]=impinvar(bt,at,1000);      %将模拟滤波器变换成 IIR 数字滤波器
>>freqz(bz,az,512,'whole',1000)
```

程序运行结果如图 5.1 所示:

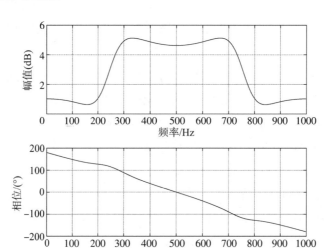

图 5.1 数字带通滤波器运行结果

例 2 用脉冲响应不变法设计巴特沃斯低通滤波器。要求通带截止频率 $f_p = 200$ Hz，阻带截止频率 $f_s = 400$ Hz，$\delta_p = 1$ dB，$\delta_s = 25$ dB，抽样间隔 $T = 1$ ms。

解 主程序为

```
>>ap=1;as=25;fp=200;fs=400;    %数字滤波器的技术指标要求
>>Fs=1000;
>>wap=2*pi*fp;
>>was=2*pi*fs;
>>[N,wac]=buttord(wap,was,ap,as,'s');
                               %N 为阶数,wac 为 3dB 截止频率
>>[z,p,k]=buttap(N);           %创建巴特沃斯低通滤波器,z 零点,p 极点,k 增益
>>[Bap,Aap]=zp2tf(z,p,k);
>>[Bbs,Abs]=lp2lp(Bap,Aap,wac);
>>[B,A]=impinvar(Bbs,Abs,Fs);  %模拟域到数字域
>>[H1,w]=freqz(B,A);           %根据 H(z) 求频率响应特性
>>figure(1);                   %绘制数字滤波器频响幅度谱
>>f=w*Fs/(2*pi);
>>subplot(2,1,1);
>>plot(f,20*log10(abs(H1)));   %绘制幅度响应
>>xlabel('频率/Hz');
>>ylabel('H1 幅值/dB');
>>subplot(2,1,2);
>>plot(f,unwrap(angle(H1)));   %绘制相位响应
```

```
>>xlabel('频率/Hz');
>>ylabel('角度/rad');
```

程序运行结果如图 5.2 所示:

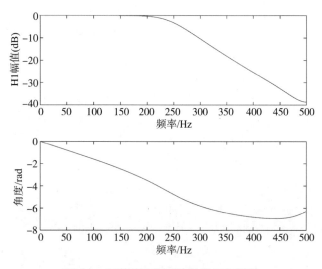

图 5.2　巴特沃斯低通滤波器运行结果

例 3　采用脉冲响应不变法设计一个切比雪夫 Ⅱ 型带阻滤波器。要求通带在 $\omega_{p1} \leq 0.2\pi, \omega_{p2} \geq 0.9\pi$ 范围,$R_p = 1$ dB;阻带在 $0.4\pi \leq \omega_s \leq 0.7\pi$ 范围,$A_s = 40$ dB;滤波器采样频率 $fs = 2\,000$ Hz。在同一图形界面上显示原模拟带阻滤波器和数字带阻滤波器的幅频特性,观察频响特性的混叠现象。

解　主程序为

```
>>wp1=0.2*pi;wp2=0.9*pi;      %数字滤波器的通带截止频率
>>ws1=0.4*pi;ws2=0.7*pi;      %数字滤波器的阻带截止频率
>>Rp=1;As=40;                 %输入滤波器的通阻带衰减指标转换为模拟滤波器指标
>>Fs=2000;T=1/Fs;
>>Omgp1=wp1*Fs;Omgp2=wp2*Fs;
                              %模拟滤波器的通带截止频率
>>Omgp=[Omgp1,Omgp2];
>>Omgs1=ws1*Fs;Omgs2=ws2*Fs;
                              %模拟滤波器的阻带截止频率
>>Omgs=[Omgs1,Omgs2];
>>bw=Omgp2-Omgp1;w0=sqrt(Omgp1*Omgp2);
                              %模拟通带带宽和中心频率模拟原型滤波器计算
```

```
>>[n,Omgn]=cheb2ord(Omgp,Omgs,Rp,As,'s');
                                    %计算阶数 n 和截止频率
>>[z0,p0,k0]=cheb2ap(n,As);          %设计归一化的模拟原型滤波器
>>ba1=k0*real(poly(z0));             %求原型滤波器系数 b
>>aa1=real(poly(p0));                %求原型滤波器系数 a
>>[ba,aa]=lp2bs(ba1,aa1,w0,bw);      %变换为模拟带阻滤波器用脉冲响应不变法计
                                    算数字滤波器系数
>>[bd,ad]=impinvar(ba,aa,Fs);        %模拟滤波器与数字滤波器的幅频响应
>>wb=[0:Fs]*2*pi;                   %为作图建立频率向量
>>Ha=freqs(ba,aa,wb);               %计算模拟频率响应
>>H=freqz(bd,ad,wb/Fs);             %计算数字频率响应
>>plot(wb/(2*pi),abs(Ha)/max(abs(Ha)),'r--'),hold on
>>plot(wb/(2*pi),abs(H)/max(abs(H)),'k');
>>xlabel('频率/Hz');ylabel('幅度');
>>title('原模拟带阻滤波器和数字带阻滤波器的幅频特性')
>>grid on
>>legend('模拟滤波器','数字滤波器','Location','best');
```

实验结果如图 5.3 所示：

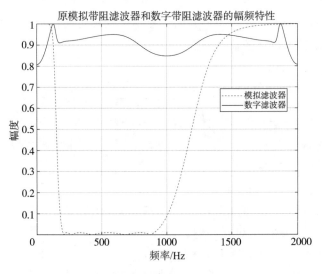

图 5.3 原模拟带阻滤波器和数字带阻滤波器的幅频特性

5.3.2 用双线性变换法设计 IIR 数字滤波器

例 1 设计一个截止频率为 300 Hz 的 IIR 数字低通滤波器，采用频率为 1 000 Hz。

解 主程序为

```
>>[z,p,k]=buttap(3);
>>[b,a]=zp2tf(z,p,k);
>>[bt,at]=lp2lp(b,a,300*2*pi);
>>[bz,az]=bilinear(bt,at,1000);
>>freqz(bz,az,512,1000);
```

程序运行结果如图 5.4 所示:

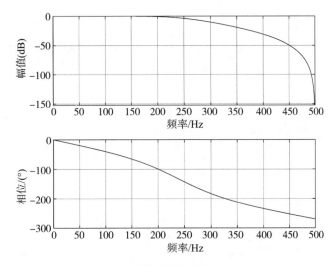

图 5.4 数字低通滤波器运行结果

例 2 用双线性变换法设计巴特沃斯高通滤波器。要求通带截止频率 $f_p = 300\ Hz$,阻带截止频率 $f_s = 100\ Hz$,幅度特性单调下降,f_p 处最大衰减为 3 dB,阻带最小衰减 15 dB。

解 主程序为

```
>>ap=3;as=15;fp=300;fs=100;
>>Fs=1000;
>>wp=(2*pi*fp)/Fs;
>>ws=(2*pi*fs)/Fs;
>>wap=2*tan(wp/2)*Fs;
>>was=2*tan(ws/2)*Fs;
>>[N,wac]=buttord(wap,was,ap,as,'s');   %N 为阶数,wac 为 3 dB 截止频率
>>[z,p,k]=buttap(N);                    %创建巴特沃斯低通滤波器,z 为零
                                         点,p 为极点,k 为增益
>>[Bap,Aap]=zp2tf(z,p,k);               %由零极点和增益确定归一化 Han(s)
                                         系数
```

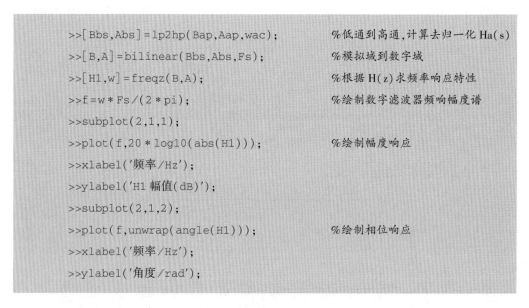

程序运行结果如图 5.5 所示：

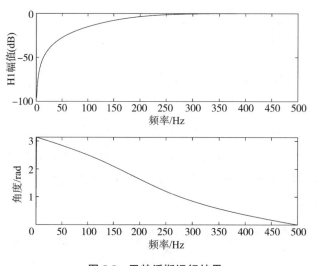

图 5.5 巴特沃斯运行结果

例 3 用双线性变换法设计切比雪夫 II 型数字低通滤波器，列出传递函数并描绘模拟和数字滤波器的幅频响应曲线。要求 $\omega_p = 0.2\pi$，$R_p = 1$ dB；$\omega_s = 0.35\pi$，$A_s = 15$ dB，滤波器采样频率 $fs = 10$ Hz。

解 主程序为

```
>>wp=0.2*pi;                %滤波器的通带截止频率
>>ws=0.35*pi;               %滤波器的阻带截止频率
>>Rp=1;As=15;               %滤波器的通阻带衰减指标
```

```
>>ripple=10^(-Rp/20);           %滤波器的通带衰减对应的幅度值
>>Attn=10^(-As/20);             %滤波器的阻带衰减对应的幅度值转换为模拟
                                 滤波器的技术指标
>>Fs=10;T=1/Fs;
>>Omgp=(2/T)*tan(wp/2);         %原型通带频率的预修正
>>Omgs=(2/T)*tan(ws/2);         %原型阻带频率的预修正模拟原型滤波器计算
>>[n,Omgc]=cheb2ord(Omgp,Omgs,Rp,As,'s')
>>[z0,p0,k0]=cheb2ap(n,As);     %设计归一化的cheb2型模拟滤波器原型
>>ba1=k0*real(poly(z0));        %求原型滤波器的系数b
>>aa1=real(poly(p0));
>>[bb,aa]=lp2lp(ba1,aa1,Omgc);  %变换为模拟低通滤波器用双线性变换法计算
                                 数字滤波器系数
>>[bd,ad]=bilinear(bb,aa,Fs)    %求数字系统的频率特性
>>[H,w]=freqz(bd,ad);
>>dbH=20*log10((abs(H)+eps)/max(abs(H)));
>>subplot(2,2,1);plot(w/pi,abs(H));
>>ylabel('|H|');xlabel('频率(\pi)');
>>title('幅度响应');axis([0,1,0,1.1]);
>>set(gca,'XTickMode','manual','XTick',[0,0.2,0.35,1]);
>>set(gca,'YTickMode','manual','YTick',[0,Attn,ripple,1]);grid
>>subplot(2,2,2);plot(w/pi,angle(H)/pi);
>>ylabel('\phi');xlabel('频率(\pi)');
>>title('相位响应');axis([0,1,-1,1]);
>>set(gca,'XTickMode','manual','XTick',[0,0.2,0.35,1]);
>>set(gca,'YTickMode','manual','YTick',[-1,0,1]);grid
>>subplot(2,2,3);plot(w/pi,dbH);title('幅度响应(dB)');
>>ylabel('dB');xlabel('频率(\pi)');axis([0,1,-40,5]);
>>set(gca,'XTickMode','manual','XTick',[0,0.2,0.35,1]);
>>set(gca,'YTickMode','manual','YTick',[-50,-15,-1,0]);grid
>>subplot(2,2,4);zplane(bd,ad);
>>ylabel('虚部');xlabel('实部');
>>axis([-1.1,1.1,-1.1,1.1]);title('零极点图');
```

实验结果如图5.6所示：

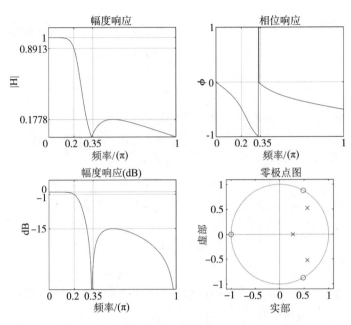

图 5.6　切比雪夫 Ⅱ 型数字低通滤波器运行结果

5.4　编程练习

1. 基于切比雪夫 Ⅰ 型模拟滤波器原型使用脉冲响应不变法设计数字滤波器,参数指标如下:

通带截止频率:$\Omega_p = 0.2\pi$;通带波动值:$R_p = 1$ dB。

阻带截止频率:$\Omega_s = 0.3\pi$;阻带波动值:$A_s = 15$ dB。

2. 采用双线性变换法设计一个椭圆数字滤波器,参数指标如下:

通带截止频率:$\Omega_p = 0.2\pi$;通带波动值:$R_p = 1.5$ dB。

阻带截止频率:$\Omega_s = 0.3\pi$;阻带波动值:$A_s = 20$ dB。

实验六 FIR 数字滤波器设计

6.1 实验目的

- 了解 FIR 数字滤波器的特性。
- 掌握运用窗函数法、频率采样法设计 FIR 数字滤波器的原理。
- 学会运用 MATLAB 根据给定的滤波器指标,设计 FIR 数字滤波器。
- 了解 FIR 数字滤波器的特性。

6.2 实验原理

6.2.1 线性相位 FIR 数字滤波器

设 FIR 数字滤波器的冲激响应 $h(n)$ 以 N 为长度,则 FIR 数字滤波器的原理就是利用 $H(z) = h(n) = \sum_{n=0}^{N-1} h(n)z^{-n}$ 来逼近所要求的频率特性指标。可以得到滤波器的频率响应为

$$H(e^{j\omega}) = H(z)\mid_{z=e^{j\omega}} = \sum_{n=0}^{N-1} h(n)e^{j\omega} = H(\omega)e^{j\theta(\omega)}$$

其中 $H(\omega)$ 为幅频特性,$\theta(\omega)$ 为相频特性。

如果 FIR 数字滤波器拥有严格的线性相位特征,此时相位与频率成正比,即 $\theta(\omega) = -\tau\omega$,$\tau$ 为群时延。当 $\theta(\omega) = \theta_0 - \tau\omega$ 也成立时也可称为第二类线性相位,称 $\theta(\omega) = -\tau\omega$ 为第一类线性相位(严格线性相位)。

根据相位与频率的关系并结合 FIR 数字滤波器频率响应的表达式,可以获得 FIR 数字滤波器具有线性相位的充要条件为

$$\begin{cases} \tau = \dfrac{N-1}{2} \\ h(n) = \pm h(N-1-n) \end{cases} \quad (\text{负值对应第二类线性相位})$$

根据 $h(n)$ 的奇偶对称与 N 的奇偶性,存在四类线性相位 FIR 数字滤波器(表 6.1)。

表 6.1 四类线性相位 FIR 数字滤波器

分类	幅度特性	相位特性
Ⅰ 型 [$h(n)$ 偶, N 奇]	$H(\omega) = \sum_{n=0}^{\frac{N-1}{2}} a(n)\cos(\omega n)$ $a(n) = 2h\left(\frac{N-1}{2}+n\right), n=1,2,\cdots,\frac{N-1}{2}$	$\theta(\omega) = -\left(\frac{N-1}{2}\right)\omega$
Ⅱ 型 [$h(n)$ 偶, N 偶]	$H(\omega) = \sum_{n=1}^{N/2} b(n)\cos\left(\omega\left(n-\frac{1}{2}\right)\right)$ $b(n) = 2h\left(\frac{N}{2}-1+n\right), n=1,2,\cdots,\frac{N}{2}$ 无法实现高通、带阻滤波器	$\theta(\omega) = -\left(\frac{N-1}{2}\right)\omega$
Ⅲ 型 [$h(n)$ 奇, N 奇]	$H(\omega) = \sum_{n=1}^{(N-1)/2} c(n)\sin(\omega n)$ $c(n) = 2h\left(\frac{N-1}{2}+n\right), n=1,2,\cdots,\frac{N-1}{2}$ 只能实现带通滤波器	$\theta(\omega) = -\left(\frac{N-1}{2}\right)\omega + \frac{\pi}{2}$
Ⅳ 型 [$h(n)$ 奇, N 偶]	$H(\omega) = \sum_{n=1}^{N/2} d(n)\sin\left(\omega\left(n-\frac{1}{2}\right)\right)$ $d(n) = 2h\left(\frac{N}{2}-1+n\right), n=1,2,\cdots,\frac{N}{2}$ 无法实现低通、带阻滤波器	$\theta(\omega) = -\left(\frac{N-1}{2}\right)\omega + \frac{\pi}{2}$

6.2.2 使用窗函数法设计 FIR 数字滤波器

使用窗函数法设计 FIR 数字滤波器步骤如下:

(1) 确定设计指标:边界频率 ω_p、ω_s,通带最大衰减 α_p,阻带最小衰减 α_s,过渡带宽 $\omega_s - \omega_p$。

(2) 确定理想冲激响应 $h_d(n)$ 与截止频率 $\frac{\omega_p + \omega_s}{2}$,理想的冲激响应表达式可以通过查表 6.2 获得。

(3) 根据阻带最小衰减查表 6.3 选择窗函数,再以匹配过渡带宽的主瓣宽度确定窗长,确定表达式 ω_n。

(4) 确定实际冲激响应为 $h_d(n)\left(n - \frac{N-1}{2}\right) \cdot \omega_n$。

不同类型的滤波器对应的冲激响应表达式及不同阻带最小衰减对应的窗函数的选择见表 6.2、表 6.3。

表 6.2 不同类型的滤波器对应的冲激响应表达式

滤波器类型	冲激响应表达式
低通滤波器	$h_d(n) = \dfrac{\sin(\omega_d n)}{\pi n}, -\infty < n < +\infty$
高通滤波器	$h_d(n) = \dfrac{2(-1)^n \sin(\omega_d n)}{\pi n}, -\infty < n < +\infty$
带通滤波器	$h_d(n) = \dfrac{2\sin(\omega_d n)\cos(\omega_0 n)}{\pi n}, -\infty < n < +\infty$, $\omega_0 = \dfrac{\omega_{pl}+\omega_{ph}}{2}, \omega_d = \dfrac{\omega_{sh}+\omega_{ph}}{4} - \dfrac{\omega_{sl}+\omega_{pl}}{4}$
带阻滤波器	$h_d(n) = \dfrac{\sin(\pi n)+\sin(\omega_{d1} n)-\sin(\omega_{d2} n)}{\pi n}, -\infty < n < +\infty$

表 6.3 不同阻带最小衰减对应的窗函数的选择

窗函数	主瓣宽度		阻带最小衰减/dB
	近似值	精确值	
矩形窗	$4\pi/N$	$1.8\pi/N$	21
汉宁窗	$8\pi/N$	$6.2\pi/N$	44
汉明窗	$8\pi/N$	$6.6\pi/N$	53
布莱克曼窗	$12\pi/N$	$11\pi/N$	74
凯塞窗	可调	可调	可调

6.2.3 MATLAB 提供函数

```
>>filter = fir1(n,Wn,'ftype','窗口类型');
```

上述命令用来通过窗函数法快速设计 FIR 数字滤波器,窗函数默认值为汉明窗,n 表示滤波器的阶数,Wn 表示滤波器的截止频率,采用归一化频率,即截止频率为 0.6π 时,Wn 为 0.6。其中 *ftype* 为滤波器类型,对应的有:

```
>>filter = fir1(n,Wn,'窗口类型');
>>filter = fir1(n,Wn,'high','窗口类型');
>>filter = fir1(n,[W1,W2],'bandpass','窗口类型');
>>filter = fir1(n,[W1,W2],'stop','窗口类型');
```

依次代表低通滤波器、高通滤波器、带通滤波器和带阻滤波器。

窗函数法中主要运用的窗函数有以下五种：

```
>>w = boxcar(N);
>>w = hanning(N);
>>w = hamming(N);
>>w = blackman(N);
>>w = kaiser(N);
```

同时为了方便地显示滤波器的频率响应曲线，可通过以下代码实现：

```
>>freqz(filter)
```

滤波器频率响应函数可以清晰地获得所设计滤波器的频率响应曲线并进行分析。

6.2.4 使用频率采样法设计 FIR 数字滤波器

将理想滤波器的频响 $H_d(e^{jw})$ 在 $\omega=0\sim2\pi$ 之间等间隔抽样 N 个点，得到：

$$H(k) = H_d(e^{jw})\big|_{\omega=\frac{2\pi}{N}k}, k=0,1,\cdots,N-1$$

再通过逆傅里叶变换到时域得到脉冲响应为

$$h(n) = \frac{1}{N}\sum_{k=0}^{N-1} H_d(k) e^{j2\pi kn/N}, n=0,1,\cdots,N-1$$

此时 $H(k)$ 的幅值和相位也要满足表 6.1 中的条件，将 $H(k)$ 通过幅度与相位进行表示，即 $H(k)=H_k e^{j\theta_k}$，根据表 6.1 以及抽样定义，获得表 6.4。

表 6.4 类线性相位数字滤波器频域序列

分类	幅度特性	相位特性
Ⅰ型 [$h(n)$偶, N奇]	$H(\omega)=H(2\pi-\omega), H_k=H_{N-k}$	$\theta(\omega)=-\left(\dfrac{N-1}{2}\right)\omega$ $\theta_k=-\left(\dfrac{N-1}{2}\right)\dfrac{2\pi k}{N}$
Ⅱ型 [$h(n)$偶, N偶]	$H(\omega)=-H(2\pi-\omega), H_k=-H_{N-k}$ 无法实现高通、带阻滤波器	$\theta(\omega)=-\left(\dfrac{N-1}{2}\right)\omega$ $\theta_k=-\left(\dfrac{N-1}{2}\right)\dfrac{2\pi k}{N}$
Ⅲ型 [$h(n)$奇, N奇]	$H(\omega)=-H(2\pi-\omega), H_k=-H_{N-k}$ 只能实现带通滤波器	$\theta(\omega)=-\left(\dfrac{N-1}{2}\right)\omega+\dfrac{\pi}{2}$ $\theta_k=-\left(\dfrac{N-1}{2}\right)\dfrac{2\pi k}{N}+\dfrac{\pi}{2}$

续表

分类	幅度特性	相位特性
Ⅳ型[$h(n)$奇,N偶]	$H(\omega)=H(2\pi-\omega)$,$H_k=H_{N-k}$ 无法实现低通、带阻滤波器	$\theta(\omega)=-\left(\dfrac{N-1}{2}\right)\omega+\dfrac{\pi}{2}$ $\theta_k=-\left(\dfrac{N-1}{2}\right)\dfrac{2\pi k}{N}+\dfrac{\pi}{2}$

使用频率采样法设计一个低通滤波器的步骤如下：

（1）通过理想滤波器通带类型，选择合适的线性相位滤波器类型，例如低通滤波器只能选择Ⅰ、Ⅱ型，并确定合适的滤波器阶数 N。

（2）对 $H_d(e^{j\omega})$ 在整个 2π 范围内进行 N 点等间隔取样，当通带截止频率 $\omega_d=\dfrac{2M\pi}{N}$，即当 $k=0\sim M$ 时，$H(k)$ 恒等于 1；当 $k=(N-M)\sim(N-1)$ 时，$H(k)$ 也为恒定非零值；当 k 在这两个区域中间的部分时，$H(k)$ 恒为零，且 $\theta_k=-\left(\dfrac{N-1}{2}\right)\dfrac{2\pi k}{N}$。

（3）对 $H(k)$ 做逆傅里叶变换，得到冲激响应，而后分析结果方式与窗函数法相同。

6.2.5 利用 MATLAB 内置 GUI 界面设计滤波器

如图 6.1 所示，在 MATLAB 命令行输入 filterDesigner。

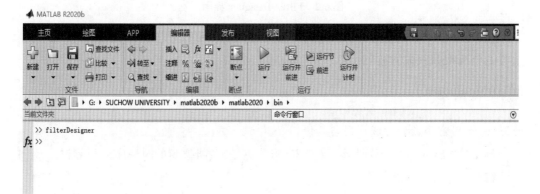

图 6.1　在命令行输入 filterDesigner

点按 Enter 键后出现如图 6.2 所示的 Filter Designer 界面。

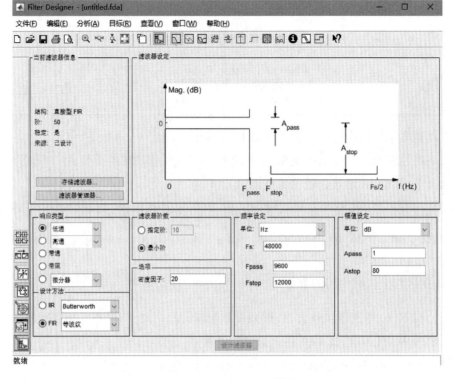

图 6.2 Filter Designer 界面

在 Filter Designer 界面可以清晰明了地通过给定指标设计所需滤波器,并通过界面上方的分析按钮获取滤波器信息。

6.3 实例分析

6.3.1 常用窗函数的时域序列与频谱

例 1 画出 $N=80$ 时汉明窗、汉宁窗、布莱克曼窗、凯塞窗的时域序列与频谱。

解 主程序为

```
>>w=boxcar(80);
>>w1=hanning(80);
>>w2=hamming(80);
>>w3=blackman(80);
>>w4=kaiser(80);
>>figure(1)
>>subplot(5,1,1)
>>stem(w)
```

```
>>xlabel('t')
>>ylabel('y(t)')              %将五种窗函数的时域序列和频谱画在一幅图里
........
>>figure(2)
>>subplot(5,1,1)
>>freqz(w)                    %freqz( )函数自带横纵坐标标签
........
```

$N=80$ 时矩形窗、汉宁窗、汉明窗、布莱克曼窗与凯塞窗的时域序列如图 6.3 所示：

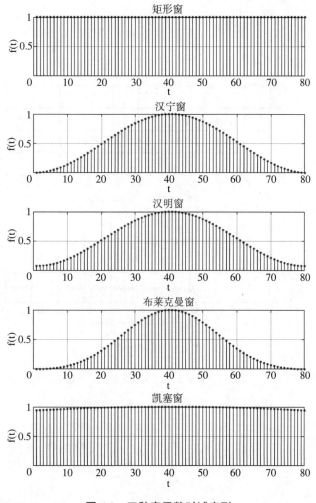

图 6.3　五种窗函数时域序列

6.3.2　给定参数设计滤波器

例 1　设阻带衰减为 40 dB，$\omega_p = 0.2\pi$，$\omega_s = 0.25\pi$，通过定义设计一个合适的低通滤

波器,并画出幅频图像。

解 主程序为

```
>>wp=pi*0.2;ws=pi*0.25;
>>M=120;                                          %采取对应关系求解
>>wc=(wp+ws)/2;
>>n=0:M-1;
>>hd=sin(wc*(n-(M-1)/2))./(pi*(n-(M-1)/2));       %理想冲激响应
>>wn=hanning(M);
>>h=hd.*wn';
>>freqz(h)
```

程序运行结果如图6.4所示:

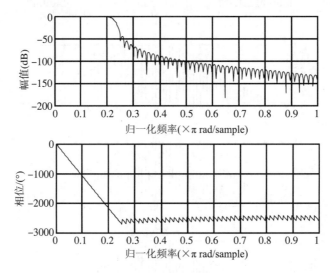

图 6.4 运行结果

例 2 阻带衰减为 50 dB,$\omega_{p1}=0.2\pi$,$\omega_{p2}=0.8\pi$,$\omega_{s1}=0.4\pi$,$\omega_{s2}=0.6\pi$,设计一个合适的带阻滤波器。

解 主程序为

```
>>wp1=0.2*pi;wp2=0.8*pi;ws1=0.4*pi;ws2=0.6*pi;%输入已知参数
>>M=40;
>>wc1=(wp1+ws1)/2;                              %计算过渡带频率
>>wc2=(wp2+ws2)/2;
>>n=0:M-1;
```

```
>>hd=sin(pi*(n-(M-1)/2))./(pi*(n-(M-1)/2))
    -sin(wc2*(n-(M-1)/2))./(pi*(n-(M-1)/2))
    +sin(wc1*(n-(M-1)/2))./(pi*(n-(M-1)/2));
>>wn=hamming(M);
>>h=hd.*wn';
>>freqz(h)
```

程序运行结果如图 6.5 所示：

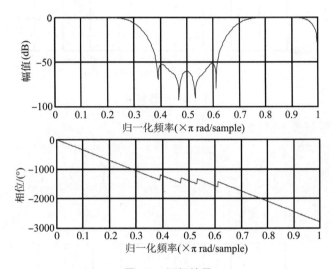

图 6.5　运行结果

例 3　使用 fir1 函数对上述两种滤波器进行复现。

解　因为上述滤波器阶数和窗口函数的选择直接通过查表获得，所以此处直接沿用。

对于低通滤波器，要输入：

```
>>filter = fir1(n,Wn,'窗口类型');
```

此时 $N=120$，$\omega_n=(\omega_p+\omega_s)/2=0.225\pi$，窗口类型为汉明窗：

```
>>filter = fir1(120,0.225,'low');
>>freqz(filter);
```

程序运行结果如图 6.6 所示：

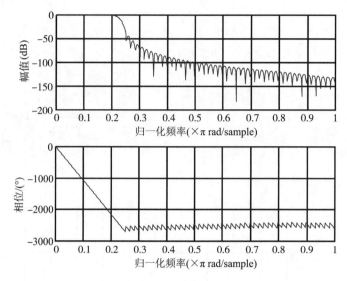

图 6.6 运行结果

同理,对于带阻滤波器,要输入:

```
>>filter = fir1(40,[0.4,0.6],'stop');
>>freqz(filter);
```

程序运行结果如图 6.7 所示:

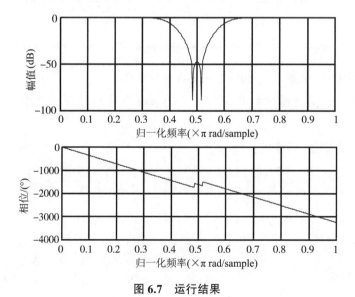

图 6.7 运行结果

例 4 假设已知采样长度 $N=63$,窗长 $M=33$,通过频率采样法设计低通滤波器。

解 主程序为

```
>>N = 63;
>>M = 31;
>>H =[ones(1,(N-M)/2),zeros(1,M),ones(1,(N-M)/2)];
>>k = 0:(N-1)/2;k1=(N+1)/2:(N-1);
>>A =[exp(-j*pi*k*(N-1)/N),exp(j*pi*(N-k1)*(N-1)/N)];
                                                          %相位特性
>>HK= H.*A;
>>hn = ifft(HK);
>>freqz(h);
>>stem(real(hn));
>>xlabel('n');
>>ylabel('h(n)冲激响应');
```

程序运行结果如图 6.8 所示：

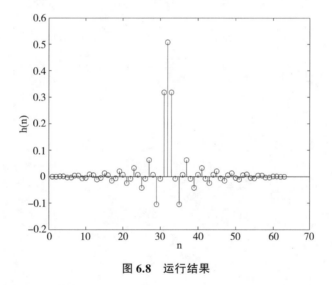

图 6.8　运行结果

6.4　编程练习

1. 用窗口设计法设计符合如下指标的 FIR 数字滤波器，画出滤波器的幅度和相位响应：窗口使用汉明窗，低通滤波器，$\omega_p=0.2\pi$, $\omega_s=0.3\pi$, $R_p=0.25$ dB, $A_s=50$ dB。

2. 设计一个 34 阶的高通滤波器，截止频率为 0.48 Hz，使用具有 30 dB 波纹的切比雪夫窗，画出滤波器的幅度和相位响应。

3. 设带通滤波器的指标为 $\omega_{p1}=0.35\pi$, $\omega_{p2}=0.8\pi$, $\omega_{s1}=0.2\pi$, $\omega_{s2}=0.65\pi$, $A_s=$

60 dB。选择布莱克曼窗来实现这个滤波器。(不使用 MATLAB 中的 fir 函数)

4. 设计高通滤波器参数如下：通带截止频率 $\omega_p = \dfrac{\pi}{2}$，阻带截至频率 $\omega_p = \dfrac{\pi}{4}$，$A_p = 1$ dB，$A_s = 40$ dB，使用频率采样法画出滤波器的幅度和冲激响应。

5. 使用 MATLAB 内置的 Filter Designer 程序验证上述问题中设计的滤波器幅度响应和相位响应。

实验七

音频信号中回声识别与回声消除

7.1 实验目的

- 掌握运用 MATLAB 完成最小均方算法的回声消除。
- 掌握运用 MATLAB 完成归一化最小均方算法的回声消除。

7.2 实验原理

7.2.1 线形回声消除基本原理

$x(n)$ 为远端语音,$s(n)$ 为近端语音,近端说话的时候,远端经过未知的回声路径 $w(n)$,会产生回声信号 $y(n)=x(n)\cdot\omega(n)$,那么近端麦克风接受的信号为 $d(n)=y(n)+s(n)$。近端的自适应滤波器就会参考远端信号 $x(n)$ 估计近端的回声,并与近端麦克风信号 $d(n)$ 相减得到误差信号 $e(n)$,在不考虑近端语音的情况下(单讲),误差信号的值越小说明自适应滤波算法所估计的回声路径就越接近实际的回声路径。

7.2.2 最小均方算法的原理

最小均方(LMS)算法,由美国斯坦福大学的 Widrow 和 Hoff 提出,此算法简单实用,是自适应滤波器的标准算法。

用最陡下降法对滤波器系数 ω_n 进行如下更新:

$$e(n)=y(n)-\hat{y}(n)=y(n)-w_n^T x(n)$$

迭代的梯度向量计算如下:

$$g(n)=\frac{\partial E\{|e^2(n)|\}}{\partial \hat{w}_n^*}=\frac{\partial E\{e(n)e^*(n)\}}{\partial \hat{w}_n^*}=-E\{e(n)x^*(n)\}$$

故滤波器的更新计算如下:

$$\hat{w}_{n+1}=\hat{w}_n+\mu(n)E\{e(n)x^*(n)\}=\hat{w}_n+\mu(n)e(n)x(n)$$

7.2.3 归一化最小均方算法的原理

归一化最小均方(NLMS)算法是改善 LMS 算法的收敛速度的一个技术,主要思想是通过将 LMS 算法中固定的步长改成变步长,使系统的收敛过程变快,从而解决传统的最小均方算法中收敛速度和稳态误差之间的矛盾。在 LMS 的基础上引入步长参数 $\mu(n)$:

$$\mu(n)=\frac{1}{x(n)x^T(n)}$$

增加常数 $\mu(n)$ 后,LMS 算法更新公式为

$$\omega(n+1)=\omega(n)+\frac{\mu(n)e(n)x(n)}{[\gamma+x(n)x^T(n)]}$$

其中 γ 就是为了避免 $x(n)x^T(n)$ 过小而导致滤波器系数更新的步长太大而加入的稳定参数。

7.3 实例分析

本实验采用不含回声的原始信号以及包含回声的复杂信号,初始信号为

```
>>clear;clc;
>>order=8;                                          %自适应滤波器的阶数为8
>>[d, fs_or] = audioread('./audio/handel.wav');
                %期望信号(73113,1)无近端语音,所以这里的期望信号为远端音频
>>[x, echo] = audioread('./audio/handel_echo.wav');        % 远端回声
```

期望信号和含回声信号如图 7.1、图 7.2 所示:

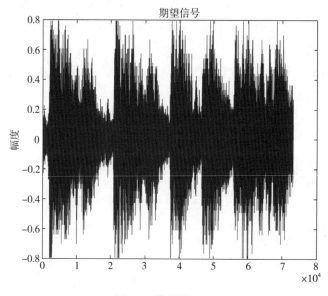

图 7.1 期望信号图

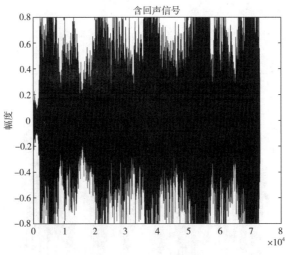

图 7.2　含回声信号图

7.3.1　用 LMS 算法进行回声消除

```
>>for i=order:N                                    %i=8,order 为滤波器的阶数
>>input=x(i:-1:i-order+1);                         %每次迭代取 8 个数据进行处理
>>y(i)=win_LMS'*input;
>>error_LMS(i) = d(i)-y(i);
>>win_LMS = win_LMS+2*step*error_LMS(i)*input;     %step 步长
>>end
>>y_LMS=y_LMS+y;
```

用 LMS 算法进行回声消除后的信号图如图 7.3 所示：

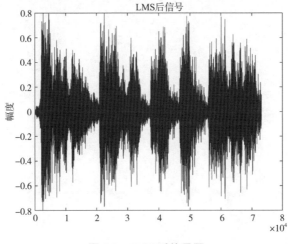

图 7.3　LMS 后信号图

7.3.2 用 NLMS 算法进行回声消除

用 NLMS 算法进行回声消除后的信号图如图 7.4 所示：

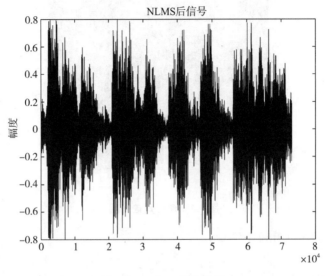

图 7.4　NLMS 后信号图

7.4 思考题

1. 如何评估两种算法进行回声消除的效果？

2. 试用滤波-x 最小均方(FxLMS)算法进行回声消除。

3. 试用递归最小二乘(RLS)算法进行回声消除，并评估四种算法进行回声消除的效果。

实验八

信号发生器模拟与信号传输、解码编码及实现双音多频通信(DTMF)

8.1 实验目的

- 掌握运用 MATLAB 完成双音多频信号合成。
- 掌握运用 MATLAB 完成戈泽尔算法的信号识别。

8.2 实验原理

双音多频信号(Dual Tone Multi Frequency,DTMF)是音频电话中的拨号方式,由美国贝尔公司研制。该信号制式具有很高的拨号速度并且容易自动检测识别,便很快代替了原有的用脉冲计数方式的拨码制式。在电话中,数字 0~9 中的每一个都用两个不同的频率传输,所用的 8 个频率分成高频带和低频带两组,低频带有四个频率:697 Hz,770 Hz,852 Hz 和 941 Hz;高频带也有四个频率:1 209 Hz,1 336 Hz,1 477 Hz 和 1 633 Hz。每一个数字均由高、低频带中各一个频率构成,例如数字"1"用 697 Hz 和 1 209 Hz 两个频率构成,信号用 $\sin(2\pi f_1 t)+\sin(2\pi f_2 t)$ 表示,其中 f_1 = 697 Hz, f_2 = 1 209 Hz。这样 8 个频率形成 16 种不同的双频信号。具体号码以及符号对应的频率如表 8.1 所示。

DTMF 信号系统是一个典型的小型信号处理系统。在发送端,它使用 D/A 转换器以数字方式产生模拟信号并进行传输;在接收端,使用 A/D 转换器将模拟信号转换为数字信号并进行数字信号处理与识别。为了提高系统的检测速度并降低成本,还开发出一种特殊的 DFT 算法——戈泽尔(Goertzel)算法:因为 DTMF 的频率是已知的,所以 DTMF 的检测中无需得知相位信息也无需计算所有的频点,直接针对已知的 8 种频率的频点进行幅值的计算即可。采样点越多,频率分辨率越高,但是也意味着更大量的计算和更高的延迟(采集数据的时间变长),因此戈泽尔算法中常用的采样点数为 205。

表 8.1 具体号码以及符号对应的频率表

号码	信号组成		号码	信号组成	
	低频	高频		低频	高频
1	697 Hz	1 209 Hz	7	852 Hz	1 209 Hz
2	697 Hz	1 336 Hz	8	852 Hz	1 336 Hz
3	697 Hz	1 477 Hz	9	852 Hz	1 477 Hz
A	697 Hz	1 633 Hz	C	852 Hz	1 633 Hz
4	770 Hz	1 209 Hz	*	941 Hz	1 209 Hz
5	770 Hz	1 336 Hz	0	941 Hz	1 336 Hz
6	770 Hz	1 477 Hz	#	941 Hz	1 477 Hz
B	770 Hz	1 633 Hz	D	941 Hz	1 633 Hz

8.3 实例分析

8.3.1 输入信号

```
>>f1 = 697;                                              %低频
>>f2 = 770;
>>f3 = 852;
>>f4 = 941;
>>F1 = 1209;                                             %高频
>>F2 = 1336;
>>F3 = 1477;
>>F4 = 1633;
>>N = 205;                                               %采样点数
>>Fs = 8000;                                             %采样频率
>>T = 1/Fs;                                              %采样周期
>>t = [0:N-1]*T; t = n*T
>>k1 = cos(2*pi*f1*t) + cos(2*pi*F1*t);                  %信号构成
>>k2 = cos(2*pi*f1*t) + cos(2*pi*F2*t);
>>key=['1','2','3','a';
       '4','5','6','b';
       '7','8','9','c';
       '*','0','#','d'];
```

8.3.2 判断输入的字符串长度

```
>>num = input('please enter the key:','s');
```

运行结果为

```
please enter the key:123
The number of the key is:
   3
```

8.3.3 对字符串中的元素进行识别

```
>>length = len(str(num))           %转换为字符串后计算长度
>>for i = 1:length
>>switch num(i)
>>case 1
>>number(i,1:N) = k1;
>>case 2
>>number(i,1:N) = k2;
>>case 3
>>number(i,1:N) = k3;
>>end
```

8.4 思考题

1. 阐述如何识别每种元素的频率构成,并画出其频谱图。

2. 在计算机应用中,脉冲编码调制(PCM)被广泛用于素材保存及音乐欣赏。试用均匀 PCM 对语音信号进行编码解码。

3. 使用非均匀 PCM 对语音信号进行编码解码,并比较均匀量化与非均匀量化之间的优缺点。

实验九 心电信号分析与处理

9.1 实验目的

- 掌握运用 MATLAB 实现小波变换分解。
- 掌握运用小波变换分解滤除心电信号中的工频干扰。
- 掌握运用软阈值法滤除心电信号中的肌电干扰。

9.2 实验原理

小波去噪的基本思想是先将信号通过小波变换,信号小波变换后的小波系数较大,噪声的小波系数较小,并且噪声的小波系数要小于信号的小波系数。选取一个合适的阈值,大于阈值的小波系数被认为是由信号产生的,予以保留,小于阈值的则认为是噪声产生的,置零或削弱从而达到去噪的目的。

小波变换是一种用于信号处理和数据分析的数学工具,可以提供信号在时间和频率上的局部信息,具有多尺度分析的能力。其基本原理是将信号分解为不同尺度和频率的小波函数的线性组合,从而得到信号的时频分析结果。

小波变换在时域和频域具有多分辨率信号分析能力,是将信号分解成一系列平移和伸缩小波函数之和。小波函数在时域和频域具有较好的局部化特征,即主要能量集中在局部区域。通过对小波变换的尺度系数进行处理可以滤除信号中的部分噪声,根据小波变换的局部化特征可以在尺度系数中寻找需要的信息。小波变换的定义式为

$$WT_f(a,b) = <f(t), \varphi_{a,b}(t)>$$

心电信号(ECG)通常包含各种噪声成分,如肌电噪声、基线漂移、电源干扰等,这些都会影响到对心电信号的准确分析和解释。使用小波变换进行心电信号降噪的基本原理如下。

首先选择合适的小波基对信号进行多分辨率分析,将信号分解成不同频率层次;然

后对每一层的小波系数应用阈值处理以去除或减弱代表噪声的小波系数；最后通过逆小波变换重构信号,从而获得去除了噪声的心电信号。这一过程能够有效保留心电信号中的生理信息,同时去除干扰噪声。

MATLAB 中的 wavedec 函数是一个用于进行小波分解的工具函数。程序如下：

```
>>[C,L]=wavedec(x,n,wavelet);
```

C：分解得到的小波系数,包括近似系数和细节系数。

L：每个层级的系数长度。

x：待分解的信号,即心电信号。

n：分解的层数。

wavelet：选用的小波类型。

appcoef 是 MATLAB 中用于计算一维小波变换中的近似系数的函数。程序如下：

```
>>A1 = appcoef(C, L, wavelet, N);
```

C、L、wavelet 含义与上文相同。

N：表示近似系数的级别。

根据上述代码进行小波变换分解后,采用软阈值法对分解后的信号进行降噪处理,软阈值处理的程序如下：

```
>>xd = wden(x, method, threshold_type, s, level, wavelet_name);
```

x：输入信号。

method：阈值选择规则。

threshold_type：阈值类型。

s：如果 method 为'sln'或'mln',则 s 是标准化因子；否则,这个参数被忽略。

level：分解的层次。

wavelet_name：小波基的名字。

9.3 实例分析

使用 db5 小波对心电信号进行六层分解并提取近似系数。

实验结果如图 9.1 所示：

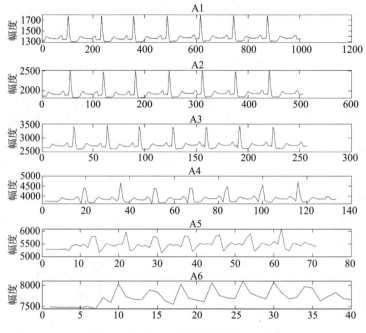

图 9.1 采用小波变换心电信号分解图

使用 db5 小波采用硬阈值对心电信号进行降噪,滤除语音中的工频干扰。实验结果如图 9.2 所示:

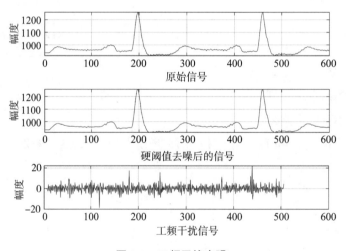

图 9.2 工频干扰去噪

使用 sym8 小波对心电信号进行降噪,滤除心电信号中的肌电噪声。实验结果如图 9.3 所示:

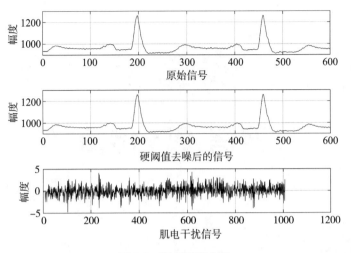

图 9.3 肌电噪声去噪

9.4 思考题

1. 尝试采用其他小波函数对心电信号进行降噪,并分析效果。
2. 探索不同的软、硬阈值对降噪效果的影响。

实验十

通信设计仿真

10.1 实验目的

- 掌握运用 MATLAB 产生二进制随机信号源。
- 掌握运用 MATLAB 实现二进制频移键控调制。
- 掌握运用 MATLAB 将频移键控调制信号通过加性高斯白噪声信道。
- 掌握运用 MATLAB 将加噪声后的信号进行解调。
- 掌握运用 MATLAB 实现二进制振幅键控调制解调。

10.2 实验原理

10.2.1 二进制频移键控

二进制频移键控信号码元的"1"和"0"分别用两个不同频率的正弦波形来传送,而其振幅和初始相位不变,故其表达式为

$$S(t)=\begin{cases} A\cos(\omega_1 t+\varphi), & \text{当发送"1"时} \\ A\cos(\omega_2 t+\varphi), & \text{当发送"0"时} \end{cases}$$

二进制频移键控信号的调制方法主要有两种。第一种方法是用二进制基带矩形脉冲信号去调制一个调频器,使其能够输出两个不同频率的码元。第二种方法是用一个受基带脉冲控制的开关电路去选择两个独立频率源的振荡作为输出。

二进制频移键控信号的接收分为相关和非相关接收两类。相关接收根据已调信号由两个载波 f_1、f_2 调制而成,则先用两个分别对 f_1、f_2 带通的滤波器对已调信号进行滤波,然后再分别将滤波后的信号与相应的载波 f_1、f_2 相乘进行相干解调,最后分别低通滤波、用抽样信号进行抽样判决即可。

10.2.2 二进制振幅键控

频移键控利用载波的幅度变化来传递数字信息,其频率和初始相位保持不变。在

二进制振幅键控中,载波的幅度只有两种变化状态,分别对应二进制信息"0"或"1"。二进制振幅键控的表达式为

$$S(t) = A(t)\cos(\omega_0 + \varphi), 0 < t \leqslant T$$

上式中,$\omega_0 = 2\pi f_0$ 为载波的角频率;$A(t)$ 是随基带调制信号变化的时变振幅,即

$$A(t) = \begin{cases} A, & \text{当发送"1"时} \\ 0, & \text{当发送"0"时} \end{cases}$$

二进制振幅键控信号的产生方法通常有两种:相乘法和开关法。在接收端,二进制振幅键控有两种基本的解调方法:非相干解调(包络检波法)和相干解调(同步检测法)。

MATLAB 中的 rand 函数可以生成一个大小为 1×M 的矩阵,其中的元素是[0,1]区间内的均匀分布的随机数,程序如下:

```
>>wave = rand(1, M);
```

MATLAB 中的 awgn 函数用来在信号中添加高斯白噪声,程序如下:

```
>>tz = awgn(ask2, 15);
```

其中,ask2 是原始信号的变量名,应该是之前定义的一个向量或矩阵;15 为信噪比(Signal-to-Noise Ratio,SNR)的值,单位是分贝(dB)。

10.3 实例分析

10.3.1 二进制振幅键控信号与解调

例 1 生成二进制随机信号源。

解 实验结果如图 10.1 所示:

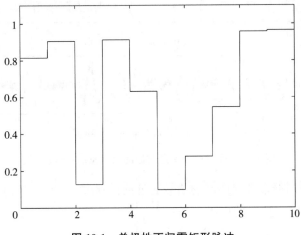

图 10.1 单极性不归零矩形脉冲

例 2 使用二进制振幅键控对信号进行调制。

解 实验结果如图 10.2 所示：

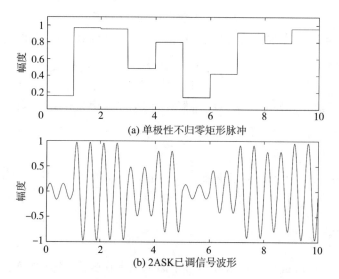

图 10.2 单极性不归零矩形脉冲与 2ASK 已调信号波形

例 3 在二进制振幅键控调制的信号通过白噪声通道。

解 实验结果如图 10.3 所示：

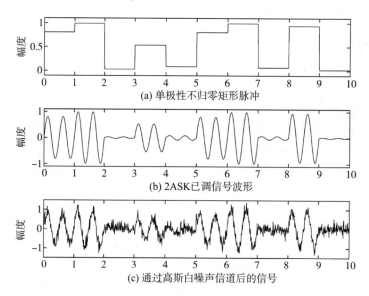

图 10.3 通过白噪声通道后的信号及原信号波形

例 4 在二进制振幅键控调制的信号通过抽样判决。

解 实验结果如图 10.4 所示：

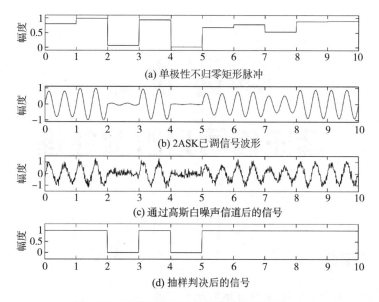

图 10.4 抽样判决后的信号及原信号波形

10.4 思考题

1. 如何采用频移键控进行调制？
2. 如何对频移键控调制后的信号进行加噪？
3. 如何对加噪后的信号进行解调？

实验十一

音乐信号分析和处理

11.1 实验目的

- 掌握运用 MATLAB 分析音乐的左右声道频谱。
- 学习 MATLAB 生成音乐机理。
- 掌握运用 MATLAB 通过不同频率的正弦波生成音乐。
- 绘制生成音乐的频谱图,并与原始信号频谱图进行对比。

11.2 实验原理

无论是什么音乐都有其对应乐谱,根据十二平均律计算,可以得到不同曲调频率。"十二平均律"的纯四度和大三度,两个音的波长比分别与 3∶4 和 4∶5 接近。也就是说,"十二平均律"的几个主要和弦音符,都是与自然泛音序列中的几个音符相符合的,只有极小的差别,这为小号等按键吹奏乐器在乐队中的使用提供了必要条件,因为这些乐器是靠自然泛音级(自然泛音序列,其波长是基音波长的整数分之一)来形成音阶的。半音是十二平均律组织中最小的音高距离,全音由两个半音组成。一个八度分成 12 个半音。例如某个单音的频率为 f,那么它与频率为 $2f$ 的另一个单音之间就构成了一个"纯八度"音程,按照十二平均律系统,可以以 f 为基准音,在右区间 $[f, 2f]$ 内得到 13 个不同的单音。如果将 f 设定为 440 Hz,从 $f=440$ Hz 到 $2f=880$ Hz 之间的 13 个单音的频率如表 11.1 所示。

表 11.1

音程名称	间隔半音数	十二平均律的倍数	频率/Hz
纯一度(A^1)	0	$2^0=1$	440
增一度/小二度($A\#^1/Bb^1$)	1	$2^{\frac{1}{12}} \approx 1.059$	466.16
大二度(B^1)	2	$2^{\frac{2}{12}} \approx 1.122$	493.88
小三度(C)	3	$2^{\frac{3}{12}} \approx 1.189$	523.25

续表

音程名称	间隔半音数	十二平均律的倍数	频率/Hz
大三度(C#)	4	$2^{\frac{4}{12}} \approx 1.259$	554.36
纯四度(D)	5	$2^{\frac{5}{12}} \approx 1.334$	587.32
增四度/减五度(D#/Eb)	6	$2^{\frac{6}{12}} \approx 1.41421$	622.25
纯五度(E)	7	$2^{\frac{7}{12}} \approx 1.498$	659.25
小六度(F)	8	$2^{\frac{8}{12}} \approx 1.587$	698.45
大六度(F#)	9	$2^{\frac{9}{12}} \approx 1.681$	739.98
小七度(G)	10	$2^{\frac{10}{12}} \approx 1.781$	783.99
大七度(G#)	11	$2^{\frac{11}{12}} \approx 1.887$	830.60
纯八度(A)	12	$2^1 = 2$	880

根据十二平均律计算出每个音调对应的频率,再根据该频率生成对应的正弦波,对生成正弦波进行包络处理最终生成音乐。

通过包络函数可以对生成音乐进行优化,包络函数如下:

$$y = e^{-\frac{kx}{t}}$$

上式中 t 代表节拍时间,x 为处理信号。

下面是 MATLAB 中与音频相关的几个程序。

```
>>[y, Fs] = audioread('wavefile');
```

其中,y 变量将会存储音频文件"wavefile"中的音频样本数据,Fs 变量将会存储音频文件的采样频率。

```
>>sound(melody, fs);
```

此程序的作用是播放名为 melody 的音频数据,采样频率为 fs。

```
>>audiowrite(wavefile,x_left,fs)
```

此程序的作用是把名为 x_left 的音频数据以 wavefile 的文件名写入磁盘,采样频率为 fs。

```
>>function shap_y2 = y2(ylen)
>>yt = ylen+1 : 352800;
>>shap_y2 = (5*((yt./44100).^(1/20)))./exp(yt./44100*2);
>>shap_y2 = shap_y2/max(shap_y2);
>>return
>>end
```

11.3 实例分析

例1 分析音乐信号的左右声道频谱。

解 实验结果如图 11.1 所示:

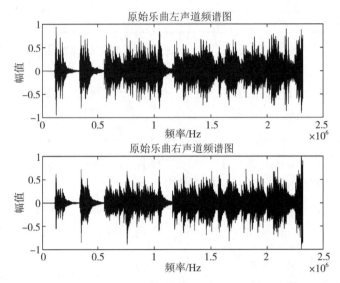

图 11.1 原始乐曲左声道频谱图和原始乐曲右声道频谱图

例2 生成一个频率为 220 Hz,持续时间为 1 s,抽样频率为 8 000 的信号。

解 实验结果如图 11.2 所示:

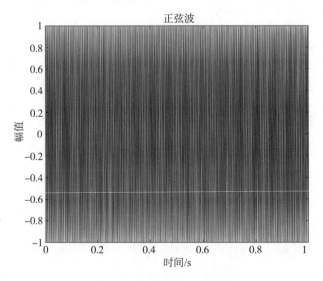

图 11.2 生成信号实验结果

例3 选择自己喜欢的音乐,进行仿真合成。

解 实验结果如图 11.3 所示：

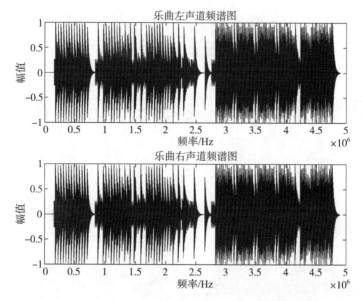

图 11.3　合成乐曲左声道频谱图和合成乐曲右声道频谱图

11.4　思考题

1. 如何使用 MATLAB 添加混响、延迟等效果到合成的声音上？

2. 如何设计一个图形用户界面(GUI)，使得非专业人员也能轻松地创建自己的音乐？

3. 如何分析真实音乐与仿真音乐频谱的相关性？

实验十二

合成音乐与实际音乐的特征对比

12.1 实验目的

- 使用 MATLAB 合成一段音乐。
- 对比合成音乐和实际音乐的频谱。
- 对比合成音乐与实际音乐的过零率。
- 对比合成音乐与实际音乐的色度图谱。

12.2 实验原理

合成音乐和实际音乐在频谱特征上具有显著差异,合成音乐的频谱特征较为简单,每个音符对应固定的频率和音高,频谱图上有清晰的线条和峰值。而实际音乐的频谱特征更加复杂,频率分布广泛,能量变化丰富,包含更多的音调、和声和背景噪音。

短时傅里叶变换(Short-Time Fourier Transform,STFT)是最经典的时频域分析方法。所谓短时傅里叶变换,顾名思义,是对短时的信号做傅里叶变化。由于语音波形只有在短时域上才呈现一定周期性,因此使用短时傅里叶变换可以更为准确地观察语音在频域上的变化。STFT 提供了频率随时间变化的详细信息,合成音乐的 STFT 展示了清晰的频率线条,对应每个音符的固定频率。实际音乐的 STFT 展示了更为复杂的频率变化,体现了实际音乐中的丰富音调、过渡和背景噪音。

过零率(Zero-Cross Rated,ZCR)是指信号经过零点的次数,通常用于分析音频的噪音特性。合成音乐的 ZCR 表现为稳定的模式,每个音符之间的变化不大,噪音较少。实际音乐的 ZCR 则表现出更多的变化,反映了实际音乐中的动态变化和可能的噪音成分。

色度图谱是一种音频分析工具,用于表示音频信号中不同音高的能量分布。它将音频信号分解为 12 个音级(C、C#、D、D#、E、F、F#、G、G#、A、A#、B),并显示这些音级在不同时间段内的能量。色度图谱常用于音乐分析和处理,如音高检测、和弦识别、调性分析等。它可以帮助识别音乐中的和弦进程和调性变化。在音频分类和识别任务中,色度图谱可以作为特征提取的一部分,用于区分不同类型的音频信号。色度图谱还可以用于音频同步,例如在音乐信息检索中,通过比较不同音频片段的色度图谱来实现音频对齐和匹配。通过色度图谱,可以直观地看到音乐中各个音级的能量分布,理解音乐结构和内容。

12.3 实例分析

12.3.1 合成音乐

例 1 生成一个包含 C 大调音符的合成音频,并且将其保存为一个 WAV 文件。

解 主程序为

```
>> fs = 44100;                                          %采样率
>> t = 0:1/fs:1;                                        %每个音符的时间向量
>> frequencies = [261.63, 293.66, 329.63, 349.23, 392.00, 440.00,
    493.88, 523.25];                                    %C 大调音符频率
>> mu = [];
>> for i = 1:length(frequencies)
>> note = sin(2 * pi * frequencies(i) * t);
>> mu = [mu, note];
>> end
>> mu = mu /max(abs(mu));                               %归一化音频
>> audiowrite('synthetic.wav', mu, fs)
```

12.3.2 频谱图对比

例 1 对比合成音乐和实际音乐的频谱图。

解 主程序为

```
>> [audio, fs] = audioread(filename);
                                %绘制合成音频的短时傅里叶变换频谱图
>> if size(audio, 2) > 1        %如果音频是立体声,将其转换为单声道
>> audio = mean(audio, 2);
>> end
>> figure;
>> spectrogram(audio, 44100, 0, [], fs, 'yaxis');
```

运行结果如图 12.1、图 12.2 所示：

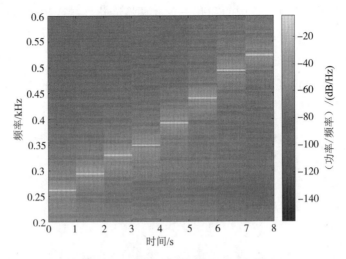

图 12.1　合成音频的频谱图（汉明窗）

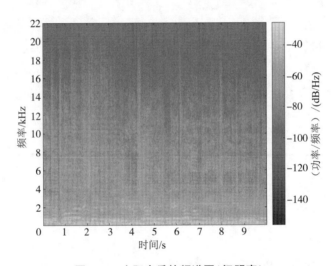

图 12.2　实际音乐的频谱图（汉明窗）

12.3.3　过零率

例 1　对比合成音乐和实际音乐的过零率。

解　主程序为

```
>> [y, fs] = audioread(filename);
>> num_frames = floor((length(y) - frame_length) /hop_
   length) + 1;
```

```
>> zcr(i) = sum(abs(diff(frame > 0))) /frame_length;
                                          %分帧,计算每帧的过零率
>> time = (0:length(zcr)-1) * hop_length /fs;
>> figure;
>> plot(time, zcr);
```

运行结果如图 12.3、图 12.4 所示：

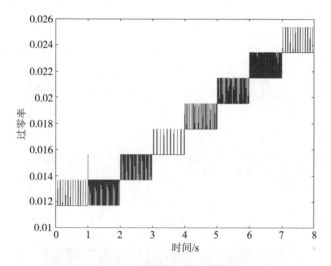

图 12.3　合成音乐的过零率

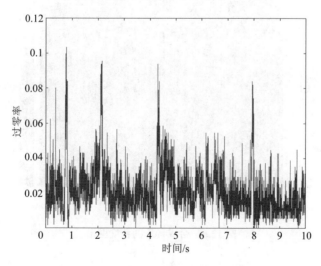

图 12.4　实际音乐的过零率

12.3.4 色度图谱

例1 对比合成音乐和实际音乐的色度图谱。

解 主程序为

```
>> window_size = 4096;                                      %参数设置
>> hop_size = 2048;
>> nfft = 4096;
>> S = stft(audio,'Window',hamming(window_size,'periodic'),
        'OverlapLength',window_size - hop_size,'FFTLength',nfft);
                                                            %计算 STFT
>> f = (0:nfft/2) * Fs /nfft;                               %计算频率轴
>> chroma_filter = chromaFilterBank(Fs, nfft);              %计算 chroma 滤波器
>> chromagram = chroma_filter * abs(S(1:nfft/2+1, :));
                                                            %计算色度图谱
>> chroma_filter(i, j) = exp(-0.5 * ((12 * log2(freq/440)-i)/1.5)^2);
                                                            %chroma 滤波器
```

运行结果如图 12.5、图 12.6 所示：

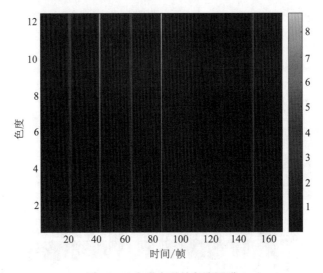

图 12.5 合成音乐的色度图谱

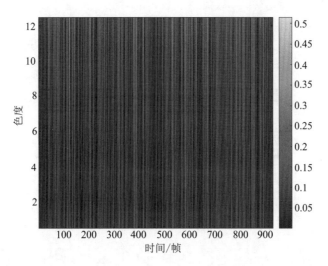

图 12.6　实际音乐的色度图谱

12.4　思考题

1. 对比合成音乐与实际音乐的音级分布图,思考如何通过音级分布图来识别不同和弦？

2. 使用矩形窗、汉宁窗绘制音乐信号的短时傅里叶频谱图,思考如何选取最合适的窗函数？

3. 绘制合成音乐与实际音乐的 CQT(Constant-Q transform)谱图,比较与短时傅里叶频谱的关系。

实验十三

语音信号特征提取

13.1 实验目的

- 对语音信号进行预处理：预加重、分帧、加窗。
- 学习绘制语音信号的短时过零率图。
- 学习绘制语音信号的语谱图(Spectrogram)。
- 学习绘制梅尔谱图(Mel Spectrogram)。

13.2 实验原理

语音信号的大部分能量集中在低频范围内，高频段的信噪比较低。语音信号中的高频分量包含了更多的信息，在传输过程中，高频部分更容易衰减，因此要进行预加重。预加重通常通过一阶高通滤波器实现，其传递函数为

$$H(z) = 1 - \alpha z^{-1}$$

其中 α 的取值一般接近 1(如 0.97)。

语音信号是一个非平稳的时变信号，由声门的激励脉冲通过声道形成，经过声道(人的三腔：咽、口、鼻)的调制，最后由口唇辐射而出。语音信号虽然在整体上是非平稳的，但是在短时间内(10~30 ms)可以认为是平稳的，由此构成了语音信号的短时分析技术。通过分帧，可以将语音信号分成多个短时段，每个时段内的信号特性基本保持不变，便于后续处理。分帧计算公式为

$$帧数 = \frac{信号长度-帧长}{帧移} + 1$$

直接截取信号会在频域中引入不必要的高频成分，导致频谱泄漏。通过加窗，可以减少信号在帧边缘处的突变，平滑信号的边缘，从而减少频谱泄漏。加窗还可以使信号在频域中的表现更加准确，尤其对于短时傅里叶变换等频域分析方法。

矩形窗：

$$f(x) = \begin{cases} 1, & 0 \leq n \leq L-1 \\ 0, & 其他 \end{cases}$$

汉明窗：

$$f(x) = \begin{cases} 0.54 - 0.46\cos\left(2\pi \dfrac{n}{L-1}\right), & 0 \leq n \leq L-1 \\ 0, & 其他 \end{cases}$$

汉宁窗：

$$f(x) = \begin{cases} 0.5\left(1 - \cos\left(2\pi \dfrac{n}{L-1}\right)\right), & 0 \leq n \leq L-1 \\ 0, & 其他 \end{cases}$$

对于连续信号，过零意味着信号的时域波形穿过时间轴；对于离散信号，相邻的采样点符号不同则称过零。短时过零率表示一个短时间窗口内，信号通过零值的次数。短时过零率是区分清音（多数能量集中在高频）和浊音（多数能量集中在低频）的有效参数，一般高频语音过零率较高，低频语音过零率较低。

短时过零率定义式为

$$ZCR = \dfrac{1}{2N} \sum_{m=1}^{N-1} |\operatorname{sgn}(x(m)) - \operatorname{sgn}(x(m-1))|$$

其中 N 代表窗长，$x(m)$ 代表信号在第 m 个采样点的值。

对每帧语音做 FFT 变换，得到 $X(m,n)$：

$$X_n(e^{j\omega}) = \sum_{m=-\infty}^{\infty} x(m) \cdot \omega(n-m) \cdot e^{-j\omega n}$$

能量密度谱函数 $P_n(\omega)$ 是信号的自相关函数的 STFT：

$$P_n(\omega) = |X_n(e^{j\omega})|^2 = \sum_{k=-\infty}^{\infty} R_n(k) \cdot e^{j\omega k}$$

$$R_n(k) = \sum_{m=-\infty}^{\infty} x(m)\omega(n-m)x(m+k) \cdot \omega(n-m+k)$$

以时间为横坐标，以频率为纵坐标，将 $P_n(\omega)$ 的值表示为灰度级所构成的二维图像即语谱图。语谱图是表示语音频谱随时间变化的图形，任一给定频率成分在给定时刻的强弱用相应点的灰度或色调来表示。语谱图中显示了大量与语音的语句特性有关的信息，它综合了频谱图和时域波形的点，能明显地显示出语音频谱随时间的变化情况。

语谱图中的花纹有横杠、乱纹等。浊音一般对应横杠，横杠所在之处是基音频率或基音频率的整数倍，而清音在语谱图上表现为乱纹。在一个语音段的语谱图中，有没有横杠出现是判断它是否为浊音的重要标志。

13.3 实例分析

13.3.1 预处理

1. 预加重

部分代码：

```
>> [audio, fs] = audioread('sp01.wav');
>> pre_emphasis = 0.97;
>> pre_emphasis_audio = filter([1 -pre_emphasis], 1, x);
                              %使用FFT计算预加重前后的频谱图。
```

运行结果如图13.1所示：

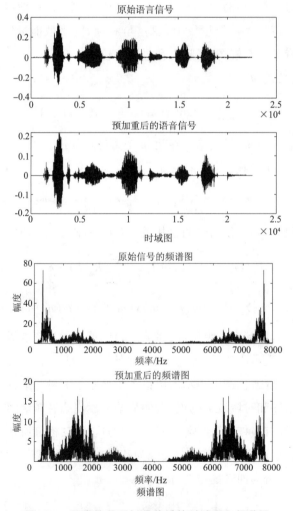

图 13.1　语音信号预加重前后的时域图和频谱图

2. 分帧加窗

部分代码：

```
>> frame_length = 256; frame_shift = 128;
                           %计算总帧数,然后使用 for 循环对 frames 进行填充
>> num_frames = floor((length(y) - frame_length)/frame_shift) + 1;
>> frames = zeros(frame_length, num_frames);
```

实验结果如图 13.2 所示：

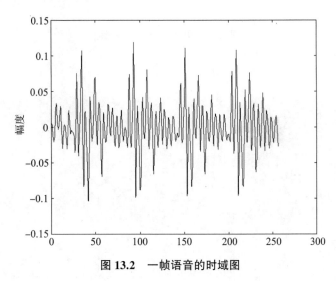

图 13.2　一帧语音的时域图

13.3.2　过零率

部分代码：

```
>> zcr = zeros(1, num_frames);                %计算一帧语音的过零率
>> zcr(i) = sum(abs(diff(frame > 0))) / frame_length;
                                           %计算语音时长(横坐标)
```

实验结果如图 13.3 所示：

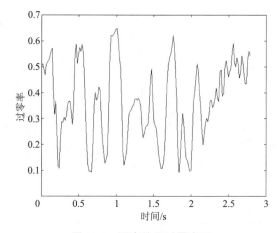

图 13.3　语音信号过零率图

13.3.3　语谱图

部分代码：

```
>> function plotSpectrogram(x, fs)
>> window = hamming(256);
>> noverlap = 128;
>> nfft = 512;
>> figure;
>> spectrogram(x, window, noverlap, nfft, fs, 'yaxis');
>> title('Spectrogram');
>> xlabel('Time (s)');
>> end
```

实验结果如图 13.4 所示：

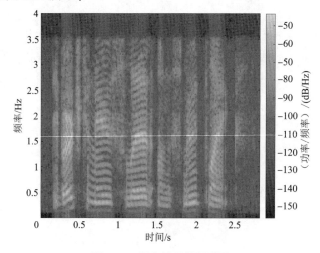

图 13.4　语音信号的语谱图

13.3.4 梅尔频谱图

梅尔频谱图首先将频率轴转换为符合人耳听觉特性的梅尔尺度,然后通过傅里叶变换得到频谱图。Mel 频率($fmel$)与 Hz 频率(f)的关系为:

$$fmel = 2\,595 \cdot \log\left(1+\frac{f}{700}\right)$$

参考代码:

```
>> [S, F, T] = melSpectrogram(audioIn, fs);         %计算梅尔频谱图
```

实验结果如图 13.5 所示:

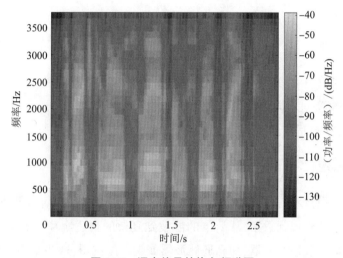

图 13.5　语音信号的梅尔频谱图

13.4　思考题

1. 绘制语音信号的共振峰,分析语音信号的共振峰与语谱图之间的关系。

2. 对梅尔谱图进行离散余弦变换,计算梅尔频率倒谱系数,并绘制语音信号的梅尔倒谱图。

3. 对梅尔谱进行均值归一化再绘制梅尔倒谱图,分析均值归一化的作用。

实验十四 语音信号增强

14.1 实验目的

- 向语音信号中添加白噪声从而获得不同信噪比的带噪语音。
- 应用谱减法对不同信噪比的语音信号进行降噪。
- 应用 LMS 自适应滤波器对不同信噪比的语音信号进行降噪。

14.2 实验原理

语音信号增强技术的研究始于 20 世纪初,随着电子技术和信号处理理论的发展,这一领域经历了从模拟到数字,从简单的滤波到复杂的自适应算法的演变。早期的语音增强主要依赖于模拟滤波器,如高通滤波器或带通滤波器,这些滤波器基于频率选择性原理,以减少低频噪声的影响。本实验介绍谱减法和最小均方自适应滤波器两种技术,对比这两种技术的增强结果,来比较这两种语音信号增强技术之间的优缺点。

谱减法利用噪声与语音信号在频谱上的不相关性,通过分析和处理这两种信号在频谱上的差异,实现噪声的抑制和语音信号的增强。然而,这种方法的效果受到噪声估计准确性和噪声与语音信号相关性的影响,因此在实际应用中需要结合具体情况进行优化和改进。

谱减法将受噪声污染的语音信号 $y(t)$ 进行短时傅里叶变换,得到频域表示:

$$Y(k,n) = S(k,n) + D(k,n)$$

其中, $Y(k,n)$ 是第 n 帧第 k 个频率分量的复数表示, $S(k,n)$ 是纯净语音的频域表示, $D(k,n)$ 是噪声的频域表示。

谱减法先通过语音暂停段或其他噪声估计方法估计噪声的功率谱 $|D(k,n)|^2$,然后从受噪声污染的语音谱中减去噪声谱,其中 α 是一个过减因子,用于提高噪声抑制效果,最后再通过逆傅里叶变换得到增强后的时域信号:

$$|S(k,n)| = \max(\sqrt{|Y(k,n)|^2 - \alpha |D(k,n)|^2})$$

LMS 自适应滤波器是一种基于时域的方法,其目标是通过调整滤波器系数,使输出信号与期望信号之间的误差最小化。其优点在于能够适应信号和噪声的时变特性,特别适用于非平稳环境。此外,由于算法结构简单,计算量小,LMS 自适应滤波器非常适合实时处理,并且不需要预先知道噪声的统计特性,具有较好的通用性,还能够快速适应噪声特性的变化。LMS 自适应滤波器算法步骤如下:

(1) 初始化滤波器权重:$\omega(0) = [\omega_0(0), \omega_1(0), \cdots \omega_{N-1}(0)]$,通常为 0。

(2) 滤波和误差计算,对于每一个时刻 n,计算滤波器输出:

$$y(n) = \omega^T(n)x(n)$$

其中 $x(n) = [x(n), x(n-1), \cdots x(n-N-1)]^T$,是输入信号的向量表示。

(3) 计算误差信号:

$$e(n) = d(n) - y(n)$$

其中 $d(n)$ 是期望信号。

(4) 权重更新,根据误差信号调整滤波器权重:

$$\omega(n+1) = \omega(n) + \mu e(n)x(n)$$

其中 μ 是步长因子,控制收敛速度和稳定性。

(5) 迭代:重复上面步骤,直到权重收敛。

LMS 自适应滤波器的性能在很大程度上取决于步长参数的选择,步长过小可能导致算法收敛缓慢,而步长过大则可能引入额外的噪声或导致算法发散。此外,LMS 自适应滤波器的收敛速度较慢,与一些其他算法相比,可能需要更多的迭代次数来达到理想的滤波效果。

14.3 实例分析

14.3.1 加噪

参考代码:

```
>> [x, fs] = audioread('sp01.wav');
>> noise = randn(size(x));
>> SNR = 10;
>> Nx = length(x);
>> t = (0:Nx-1)/fs;
>> signal_power = 1/Nx * sum(x.^2);
>> noise_power = 1/Nx * sum(noise.^2);
```

```
>> noise_variance = signal_power /(10^(SNR/10));
>> noise = sqrt(noise_variance /noise_power) * noise
```

运行结果如图 14.1 所示：

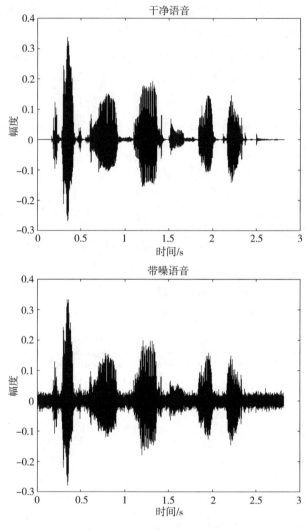

图 14.1　加噪前后的语音对比

14.3.2　谱减法

参考代码：

```
>> noise_estimated = y(1:0.5*fs,1);                    %估计噪声
>> fft_y = fft(y);
```

```
>> phase_fft_y = angle(fft_y);            %取带噪语音的相位作为最终相位
>> fft_noise_estimated = fft(noise_estimated);
>> mag_signal = abs(fft_y)-sum(abs(fft_noise_estimated))/
   length(fft_noise_estimated);
>> mag_signal(mag_signal<0) = 0;
```

利用谱减法实现 10 dB、15 dB、20 dB 语音信号降噪的结果如图 14.2、图 14.3、图 14.4 所示：

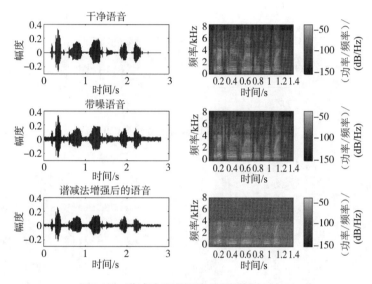

图 14.2　谱减法实现语音信号降噪(10 dB)

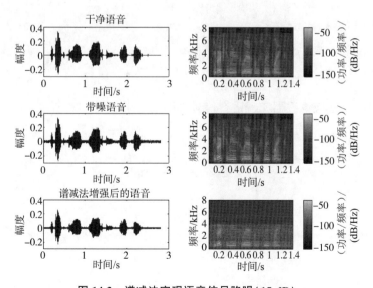

图 14.3　谱减法实现语音信号降噪(15 dB)

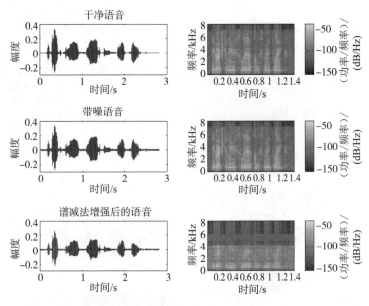

图 14.4　谱减法实现语音信号降噪(20 dB)

14.3.3　LMS 自适应滤波器

参考代码：

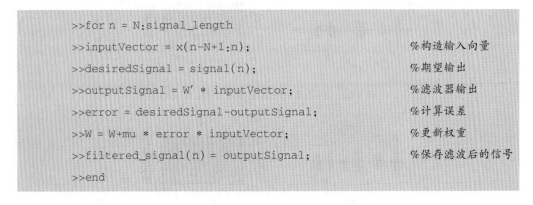

```
>>for n = N:signal_length
>>inputVector = x(n-N+1:n);                %构造输入向量
>>desiredSignal = signal(n);                %期望输出
>>outputSignal = W' * inputVector;          %滤波器输出
>>error = desiredSignal-outputSignal;       %计算误差
>>W = W+mu * error * inputVector;           %更新权重
>>filtered_signal(n) = outputSignal;        %保存滤波后的信号
>>end
```

利用 LMS 自适应滤波器实现语音信号降噪的结果如图 14.5 所示：

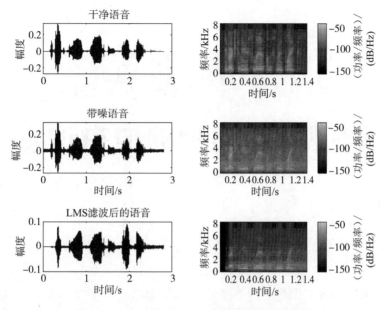

图 14.5　LMS 自适应滤波器实现语音信号降噪

14.4　思考题

1. 使用谱减法降噪前先使用滤波器去除语音中不属于人声的频段,对比使用滤波器前后谱减法的降噪效果,分析有无使用该滤波器的必要。

2. 使用卡尔曼滤波进行语音降噪,分析其相较于谱减法和 LMS 自适应滤波器的优缺点。

3. 传统的 LMS 自适应滤波器使用固定的步长因子,思考如何在 LMS 自适应滤波器中引入可变步长来优化滤波器的收敛速度和稳态误差。

实验十五

基于图像处理的花卉识别

15.1 实验目的

• 使用 MATLAB 对图像进行必要的预处理,如归一化、裁剪或翻转等,以增强模型的泛化能力。

• 利用 MATLAB 的深度网络设计器在 AlexNet 模型的基础上添加或修改网络层。

• 通过使用预训练的 AlexNet 模型,理解卷积神经网络(Convolutional Neural Networks,CNN)的基本原理和结构,包括卷积层、池化层、全连接层等。

• 学会使用准确率、混淆矩阵等指标评估模型的性能,分析分类结果并优化模型。

15.2 实验原理

卷积神经网络是一种特殊的深度学习模型,尤其擅长处理图像数据。卷积神经网络通过卷积层、池化层和全连接层来提取图像的层次特征。

AlexNet 是引起卷积神经网络热潮的一个神经网络模型,产生于 2012 年,一直是神经网络中比较火热的模型之一,赢得了 2012 年 ImageNet 竞赛。AlexNet 是更深的 LeNet,采用激活函数和最大池化方法,由输入层(Input)、卷积层(Convolutional layer,Conv)、池化层(Pooling layer)、全连接层(Fully connected layer,FC)、输出层(Output)构成,包含六千万个参数和 65 000 个神经元,计算层有 5 个卷积层,3 个全连接层,最终输出层为 1 000 通道的 Softmax 函数。AlexNet 利用了两块 GPU 进行计算,大大提高了运算效率,并且在 ILSVRC-2012 竞赛中获得了 top-5 测试的 15.3% 错误率(获得第二名的方法错误率为 26.2%),性能优势非常明显,在学术界产生了巨大的影响力。

AlexNet 网络结构包含输入层、输出层、5 个卷积层、3 个池化层、3 个全连接层。从对图像的处理过程来看,AlexNet 将图片统一处理成为 224×224×3 的大小作为输入,经过第一个卷积层进行卷积计算提取特征,其中卷积核大小为 11×11×3,个数为 96 个;经过 3×3 的最大池化(Max pooling)后,输入到第二个卷积层,其中卷积核大小为 5×5×48,共 256 个;下一层经过 3×3 的最大池化过程后,其输出进行三个连续卷积层计算,第三层卷积层内核大小为 3×3×256,共 384 个,第四层卷积层内核大小为 3×3×192,共 384 个,第五层卷积层内核大小为 3×3×192,共 256 个;再经过 3×3 的最大池化,以及三个连续的全连接层计算,最后输出 1 000 类的图像识别结果。

1. 输入层

输入层是卷积神经网络直接接受信息的神经网络层,主要负责接收原始数据及测试数据,并且对输入数据进行一定处理。卷积神经网络层的输入图像尺寸为 224×224×3,统一了数据规格,提升了网络的训练速度和训练效果。

2. 卷积层

卷积层的作用是通过卷积核(滤波器)提取图像的局部特征。卷积运算公式为

$$(I*K)(x,y) = \sum_{i=0}^{m-1}\sum_{j=0}^{n-1} I(x+i, y+j) \cdot K(i,j)$$

其中,I 表示输入图像;K 表示卷积核;(x,y) 表示输出位置;m 和 n 分别为卷积核的高度和宽度。

3. 激活函数

激活函数的作用是将输入的值做非线性变换。因为单纯的卷积操作无法拟合非线性问题,所以绝大部分情况下都将激活函数设置在卷积层后,用来增强网络的非线性拟合能力。目前常用的深度学习激活函数为 ReLU:

$$\mathrm{ReLU}(x) = \max(0, x)$$

函数曲线如图 15.1 所示:

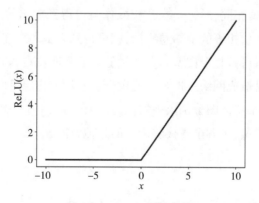

图 15.1 ReLU 函数曲线

相对于传统的 Sigmoid 与 tanh 激活函数,在输入大于 0 时,ReLU 函数不存在梯度值极小的情况,在解决梯度消失问题上有较好的效果。并且 ReLU 函数计算简单,不存

在指数运算,计算速度较快。当梯度计算中出现许多小于0的值时,许多权重的更新量也会变为0,出现神经元死亡的现象。但一定程度的神经元死亡并不会造成网络难以训练的问题,反而会一定程度上稀疏化网络带,降低发生过拟合的概率。

4. 池化层

池化层的主要功能是对输入池化层的特征图进行下采样处理,用以缩小输入特征矩阵的尺寸,缩减重要性不高的参数,加速网络运算,抑制过拟合。操作方式与卷积类似,都是将窗口对应的数值以相应的计算方式得到输出特征值,并且也是用移动的方式,得到一个完整的输出特征矩阵。池化层一般使用平均池化或最大池化两种操作。平均池化操作是将窗口中的像素取平均值,最大池化操作则是将窗口中的像素取最大值。平均池化可以保留窗口中的整体特征,但会模糊纹理等边缘信息。这种池化方式通常在层数较深的卷积层之后使用,因为在深层卷积层处理后的特征图往往都为模糊的高级语义特征,如果使用最大池化操作,则会丢失一些用于分类器分类的语义特征信息。最大池化可以提取特征图的纹理信息,减少无用特征参数数量,一般设置在网络较为浅层的位置。

最大池化的公式为

$$P(x,y) = \max_{i=0}^{p-1}\max_{j=0}^{q-1} I(x \cdot p+i, y \cdot q+j)$$

其中,$P(x,y)$表示池化后的输出;p 和 q 分别为池化窗口的高度和宽度。

5. 全连接层

全连接层一般处于卷积神经网络中的末端位置,在网络中通常用作分类器。全连接层可将提取到的分布式特征映射到样本空间,进而弱化空间结构特性,减少特征所处的空间信息对分类效果的影响。全连接层可使用全局卷积操作来实现,设置卷积核大小与输入特征图宽高值相同,通过一次卷积操作就可得到输出的全连接层中的一个神经元,设置与神经元数量相等的全局卷积核,就可得到完整的全连接层。但全连接层的参数量巨大,甚至数量可占整个模型总参数量的五分之四左右,如果设置过多的全连接层或神经元,就会容易造成网络过拟合。使用全局平均池化层可以解决这个问题,该池化层通过对输入的每个特征图分别求平均值,并整合得到一个一维向量,代替大部分全连接层操作,减少参数量,缓解全连接层产生的过拟合问题。

15.3 实例分析

15.3.1 数据集加载和预处理

Oxford Flower102 数据集链接:

https://www.robots.ox.ac.uk/~vgg/data/flowers/102/

参考代码：

```
>>rng(123);
>>images = '/path/to/your/flowerPhotos';
                              %指定数据集的路径
>>imds = imageDatastore(images,'IncludeSubfolders',true,'LabelSource',
       'foldernames');
>>tbl = countEachLabel(imds);
>>[trainImgs, valImgs, testImgs] = splitEachLabel(imds, 0.8, 0.1,
       0.1,'randomized');       %将数据集划分为训练集、验证集和测试集
```

15.3.2 数据增强
参考代码：

```
>>inputSize = [227 227];           %设置输入图像的尺寸为[227 227]
>>augImdsTrain = augmentedImageDatastore(inputSize, trainImgs);
>>augImdsVal = augmentedImageDatastore(inputSize, valImgs);
>>augImdsTest = augmentedImageDatastore(inputSize, testImgs);
```

15.3.3 加载预训练的 AlexNet 模型
参考代码：

```
>>net = alexnet;
```

15.3.4 特征提取和分类器训练
参考代码：

```
>>layer = 'fc7';                  %设置要提取特征的层为'fc7'
>>trainingFeatures = activations(net, augImdsTrain, layer,'OutputAs',
       'rows');                   %提取训练集上的特征表示
>>classifier = fitcecoc(trainingFeatures, trainImgs.Labels);
                              %训练多类别支持向量机分类器
>>testFeatures = activations(net, augImdsTest, layer, 'OutputAs',
       'rows');                   %提取测试集上的特征表示
>>testPred = predict(classifier, testFeatures);
>>accuracy = nnz(testPred==testImgs.Labels)/numel(testPred);
>>disp(['Accuracy: ', num2str(accuracy * 100),'%']);
```

15.3.5 网络微调和训练

参考代码：

```
>>layers(end-2) = fullyConnectedLayer(5);
>>layers(end) = classificationLayer;
>>options = trainingOptions('adam', ...
    'InitialLearnRate', 0.0001, ...
    'Plots', 'training-progress', ...
    'ValidationData', augImdsVal, ...
    'LearnRateSchedule', 'piecewise', ...
    'LearnRateDropPeriod', 15);                %设置训练选项
>>transferNet = trainNetwork(augImdsTrain, layers, options);
```

训练结果如图 15.2 所示：

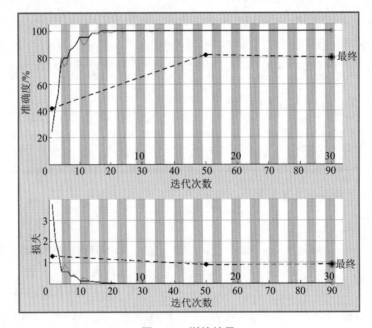

图 15.2 训练结果

15.3.6 计算准确率

参考代码：

```
>>testPred = classify(transferNet, augImdsTest);
>>accuracy = nnz(testPred==testImgs.Labels)/numel(testImgs.Labels);
>>disp(['Accuracy after fine-tuning: ', num2str(accuracy*100), '%']);
```

15.3.7 混淆矩阵显示

参考代码：

```
>>[cmap,clabel] = confusionmat(testImgs.Labels, testPred);heatmap
   (clabel,clabel,cmap);
```

混淆矩阵示例如图 15.3 所示：

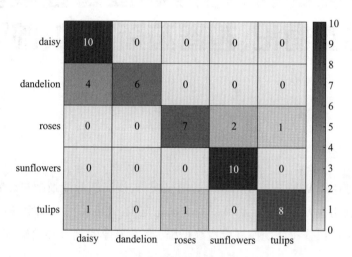

图 15.3 混淆矩阵示例

准确率(Accuracy)表示表示模型整体分类的正确率，示例准确率为

$$\text{Accuracy} = \frac{\text{所有正确分类的样本数}}{\text{所有样本总数}} = \frac{10+6+7+10+8}{50} = 0.82$$

15.4 思考题

1. 实现图像裁剪、缩放、旋转、翻转和归一化，测试每种预处理方法对花卉分类结果的影响。

2. 分析并讨论哪种预处理技术最适合处理花卉图像中的光照变化和姿态多样性。

3. 探索如何微调模型的最后一层以适应花卉分类任务，比较微调前后的分类性能。

实验十六

图像降噪、图像亮度增强实验
（直方图均衡化、拉普拉斯变换、伽马变换）

16.1 实验目的

- 学会利用 MATLAB 减少图像中的随机噪声，提高图像清晰度和细节可见性。
- 学会利用直方图均衡化扩展图像的动态范围，使图像的对比度得到增强。
- 学会利用拉普拉斯变换进行边缘增强，突出图像的细节和轮廓，改善图像的清晰度。
- 学会利用伽马变换调整图像的灰度级映射关系，通过非线性变换改变图像的亮度分布，适应不同的光照条件和显示设备。

16.2 实验原理

图像增强处理一般用来强化图像内不同特征的差异，突出感兴趣区域的特征，强化图像的判读以及辨识效果。普遍使用的增强方法有直方图均衡化、拉普拉斯变换和伽马变换等。

16.2.1 直方图均衡化

灰度直方图可以清楚且直接地表现出图像中灰度的具体分布状况，它描述不同灰度级的像素数量，但不包含像素的具体位置，所以不会受到图像平移以及旋转变化的影响。灰度直方图的横坐标是灰度级，纵坐标是灰度级产生的频次。

在直方图中的灰度分布均匀时，图像体现出较好的灰度动态区间与对比度，能够包含较多的细节信息。直方图均衡化是一种强化对比度的方法，为调节原图像内的亮度区间，需要使用变换函数，将原图像内的像素值均衡到全新的图中。

假设待处理图像为灰度图像，当灰度值连续时，采用 r 代表图像的灰度，主要取值区间是 $[0, L-1]$，其中 $r=0$ 表示黑色，$r=L-1$ 表示白色，T 为变换函数，则有：

$$s = T(r), 0 \leq r \leq L-1$$

针对输入图像内的灰度值 r，主要利用变换函数 T 确定均衡化之后的图像对照位置的灰度值。变换函数要符合以下标准：

(1) $T(r)$ 在 $[0, L-1]$ 区间上严格单调递增。

(2) 当 $0 \leq r \leq L-1$ 时，$0 \leq T(r) \leq L-1$。

标准(1)中要求严格单调递增是为了不打乱原图像的像素值大小顺序，使映射后的亮暗关系不发生改变。标准(2)保证映射之后的灰度值落在原本区间，也就是像素映射函数的值域为 $[0, 255]$。考虑到以上标准，通常选用累积分布函数进行变换，其主要形式为

$$s = (L-1) \int_0^r p_r(w) dx$$

其中 w 为形式积分变量。

该函数是单增函数，并且映射范围固定，能够避免映射越界问题，非常符合上述对变换函数的要求。

分别用 $p_r(r)$ 和 $p_s(s)$ 代表输入图像灰度值 r 和输出图像灰度值 s 的概率密度函数，当前 $p_r(r)$ 已知，累积分布函数在定义域内连续可微，则变换后的输出图像灰度值 s 的概率密度函数满足

$$p_s(s) = p_r(r) \left| \frac{dr}{ds} \right|$$

因此可知，输出图像灰度值 s 的概率密度函数可通过输入图像灰度值 r 的概率密度函数以及变换函数运算获得。将累积分布函数计算公式带入上式可得

$$\frac{ds}{dr} = \frac{dT(r)}{dr} = (L-1) p_r(r)$$

再将上式代入 $p_s(s) = p_r(r) \left| \frac{dr}{ds} \right|$ 得到连续形式下变换后的输出图像灰度值 s 的概率密度函数 $p_s(s)$，即

$$p_s(s) = \frac{1}{L-1}, 0 \leq s \leq L-1$$

由上式可知，输入图像的像素经过累积分布函数映射后得到的输出图像灰度值 s 服从均匀分布，实现了像素分布均衡化。

图像灰度离散方式的推导和连续形式相似，需要使用概率直方图以及求和运算取代概率密度函数与积分计算，图像内灰度值 r_k 产生的可能性是：

$$p_r(r_k) = \frac{n_k}{MN}, k = 0, 1, 2, \cdots, L-1$$

因此在离散形式下,输入图像灰度值经过映射得到的像素灰度值 s_k 满足

$$s_k = T(r_k) = \frac{L-1}{MN}\sum_{j=0}^{k} n_j, k = 0,1,2,\cdots,L-1$$

其中,MN 为图像像素总数;n_j 为灰度值为 r_k 的像素个数;L 为图像中灰度级数量。

16.2.2 拉普拉斯变换

拉普拉斯变换是数字图像处理中的一种技术,其原理基于拉普拉斯算子,用于检测图像中的边缘和突出细节。具体原理如下:

拉普拉斯算子:拉普拉斯算子是一种数学算子,用于计算图像的二阶导数。在数字图像处理中,拉普拉斯算子用于离散化图像,并通过有限差分来近似计算二阶导数。

离散拉普拉斯算子:在数字图像处理中,图像被离散成像素网格。拉普拉斯算子通过 3×3 的离散核(模板)来近似计算二阶导数。每个元素代表相应像素及其周围邻居像素的权重。将离散核应用于图像中的每个像素,得到一个新的图像,表示每个像素位置的二阶导数值。

拉普拉斯变换算法步骤:

(1) 将彩色图像转换为灰度图像(若为彩色图像),因为拉普拉斯算子通常用于单通道图像。

(2) 使用 2D 卷积或相关技术将离散核与图像进行卷积,计算二阶导数。

(3) 根据需要调整像素值,以获得所需的增强效果或边缘检测结果。

(4) 结果图像将突出显示边缘和细节,但可能会增强图像中的噪声。

拉普拉斯变换由拉普拉斯算子来实现,拉普拉斯算子是一个二阶微分算子,对于一幅图像 $f(x,y)$,其拉普拉斯算子为

$$\nabla^2 f = \frac{\partial^2 f}{\partial x^2} + \frac{\partial^2 f}{\partial y^2}$$

其中,对于式中的两个二阶偏微分可以用下式表示:

$$\frac{\partial^2 f}{\partial x^2} = f(x+1,y) + f(x-1,y) - 2f(x,y)$$

$$\frac{\partial^2 f}{\partial x^2} = f(x,y+1) + f(x,y-1) - 2f(x,y)$$

从上式可以看出,拉普拉斯变换是一个线性变换。因此对于离散图像而言,其拉普拉斯算子就可以表示为

$$\nabla^2 f = f(x+1,y) + f(x-1,y) + f(x,y+1) + f(x,y-1) - 4f(x,y)$$

将原图像和拉普拉斯变换图像叠加,就可以使图像锐化,同时复原其他信息。所以拉普拉斯变换增强图像的方法为

$$g(x,y) = \begin{cases} f(x,y) - \nabla^2 f(x,y), & \text{如果拉普拉斯模板中心为负} \\ f(x,y) + \nabla^2 f(x,y), & \text{如果拉普拉斯模板中心为正} \end{cases}$$

16.2.3 伽马变换

伽马变换有着简便快捷的特性,但是却容易产生色彩失真、对比度不够的现象。对于低光照图像,伽马变换可能会引起过增强及欠增强的问题,因此许多改进算法被提出。侯利霞等人提出了一种自适应的伽马变换的图像增强算法,通过多尺度分解并结合自适应伽马变换来提升图像的对比度。杨先凤等人提出了一个改进的自适应伽马变换图像增强算法,该算法改进了伽马函数并且自适应定义了相关基本参数,使得相关图像的亮度和对比度得到了提升。

伽马变换主要用于纠正灰色过多或过少的图像,并增加对比度。转换公式是对原图像的每个像素做乘积运算(r,s 代表输入灰度和输出灰度):

$$s = cr^\gamma, r \in [0,1]$$

16.3 实例分析

16.3.1 直方图均衡化

部分代码:

```
>>originalImage = imread('G:/lesserpanda.png');
                                          %读取图像路径
>>grayImage = rgb2gray(originalImage);
                                          %转换为灰度图像
>>histogram = imhist(grayImage);          %计算灰度图像的直方图
>>cdf = cumsum(histogram) /numel(grayImage);
                                          %计算直方图的累积分布函数
>>equalizedImage = uint8(255 * cdf(double(grayImage)+1));
>>subplot(1, 2, 1);                       %显示原始图像
>>imshow(grayImage);
>>title('原始图像');
>>subplot(1, 2, 2);                       %显示均衡化后的图像
>>imshow(equalizedImage);
>>title('直方图均衡化后');
>>figure;                                 %可选;显示均衡化前后的直方图
>>subplot(1, 2, 1);
>>imhist(grayImage);
>>title('原始图像灰度直方图');
```

```
>>subplot(1,2,2);
>>imhist(equalizedImage);
>>title('均衡化后的图像灰度直方图');
```

通过直方图均衡化处理前后的小熊猫图像如图 16.1 所示：

图 16.1　直方图均衡化处理前后的小熊猫图像

直方图均衡化处理前后的灰度直方图如图 16.2 所示，根据数据对比可知，增强处理前图像的灰度分布主要集中在灰度值较低的区域，属于灰度值偏暗的情况，增强处理之后的直方图中灰度分布相对均匀，灰度区间增大，综合亮度显著提高。

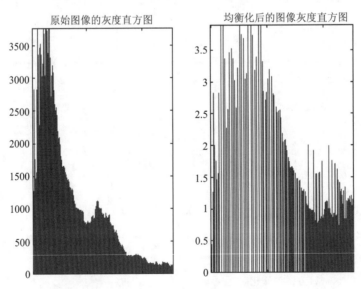

图 16.2　直方图均衡化处理前后的灰度直方图

16.3.2　拉普拉斯变换

部分代码：

实验十六　图像降噪、图像亮度增强实验(直方图均衡化、拉普拉斯变换、伽马变换)

```
>>originalImage = imread('G:/defect.png');        %读取图像路径
>>grayImage = rgb2gray(originalImage);            %将图像转换为灰度图像
>>laplacianFilter = [0 -1 0; -1 4 -1; 0 -1 0];    %定义拉普拉斯算子
>>laplacianImage = imfilter(double(grayImage), laplacianFilter,
    'replicate');                                 %应用拉普拉斯滤波器
```

使用拉普拉斯变换处理前后的图像如图 16.3 所示：

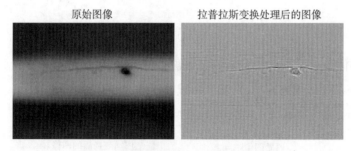

图 16.3　拉普拉斯变换处理前后的图像

使用拉普拉斯变换处理前后的灰度直方图如图 16.4 所示：

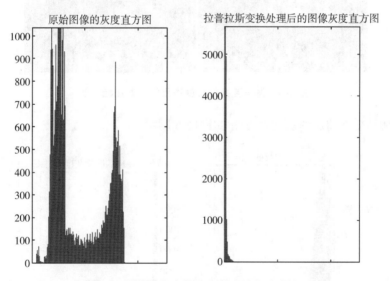

图 16.4　拉普拉斯变换处理前后的灰度直方图

16.3.3 伽马变换

部分代码：

```
>>originalImage = imread('G:/lesserpanda.png');  %读取图像路径
>>grayImage = rgb2gray(originalImage);           %将图像转换为灰度图像
>>gamma=2.2;                                     %定义伽马值
>>gammaCorrected = im2double(grayImage);
>>gammaCorrected = gammaCorrected.^gamma;
>>gammaCorrected = im2uint8(gammaCorrected);
```

如果伽马值小于1，图像的低灰度区域被拉伸，高灰度区域被压缩。如果伽马值大于1，图像的高灰度区域被拉伸，低灰度区域被压缩，从而达到矫正效果。

使用伽马变换的灰度矫正前后的图像如图16.5所示：

图 16.5　伽马变换的灰度矫正结果对比结果图

使用伽马变换前后的灰度直方图如图16.6所示：

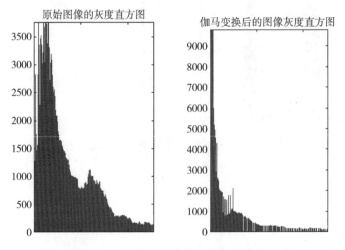

图 16.6　使用伽马变换前后的灰度直方图

16.4 思考题

1. 处理不同类型的图像(如自然景观、低光照条件下的图像),并讨论直方图均衡化的适用性。

2. 调整拉普拉斯算子的系数,观察锐化效果的变化。

3. 对比不同伽马值下图像的亮度变化,讨论伽马值的选择如何影响图像的视觉效果。

实验十七

图像降噪、分段线性变换、分水岭分割

17.1 实验目的

- 学会利用 MATLAB 实现中值滤波抑制噪声，特别是孤立的噪声点。
- 学会利用 MATLAB 实现分段线性变换来增强图像对比度，通过对不同灰度范围进行不同的映射处理。
- 学会利用 MATLAB 实现分水岭分割用于精确的边缘检测和处理复杂图像结构。

17.2 实验原理

17.2.1 中值滤波

中值滤波是一种非线性的图像平滑技术，主要用于抑制图像中的随机噪声，尤其是椒盐噪声(salt-and-pepper noise)，这种噪声表现为图像中的个别像素异常明亮或异常暗淡。

中值滤波的工作原理是通过在图像的每一个像素点上应用一个滑动窗口，然后将窗口内所有像素点的灰度值进行排序，最后用中位数的灰度值替换中心像素点的值。这种方法可以有效地消除孤立的噪声点，同时保持图像边缘的清晰度。

假设图像中某点灰度值为 $f(i,j)$，使用邻域大小为 $(2k+1) \times (2l+1)$，则中值滤波后该点的灰度值为

$$g(i,j) = \underset{i=-k}{\overset{k}{Med_x}} \underset{j=-l}{\overset{l}{Med_y}} [f(x+i),(y+j)]$$

其中，Med_x 为沿水平方向取中值；Med_y 为沿垂直方向取中值。

中值滤波具有较强的自适应性，能够有效去除脉冲干扰噪声，且在抑制随机噪声的同时能够有效保护边缘信息。

中值滤波实施步骤如下：

(1) 将窗口放在图像的第一个像素位置。

(2) 将窗口覆盖的所有像素点的灰度值排序。

(3) 找出这些灰度值的中位数。

(4) 用中位数的值替换窗口中心像素的值。

(5) 移动窗口到下一个像素位置,并重复步骤(2)至(4),直到处理完整幅图像。

17.2.2 分段线性变换

分段线性变换是一种图像处理技术,主要用于增强图像的对比度,尤其是在特定的灰度范围内。它允许用户指定不同的线性映射规则应用于图像的不同灰度级区间,从而增强或抑制特定范围内的对比度。这种变换特别适用于突出图像中的某些区域或特征,同时减弱其他不重要的区域。

分段线性变换的基本思想是将图像的灰度值范围划分为几个不同的区间,每个区间对应一个独立的线性函数。这些线性函数可以是斜率不同(对比度不同)的直线,因此可以有针对性地增强或减弱图像中特定灰度级别的对比度。

分段线性变换的一般公式可以表示为

$$\begin{cases} a_1 \cdot f(x) + b_1 & \text{if } f(x) \leq c_1 \\ a_2 \cdot f(x) + b_2 & \text{if } c_1 < f(x) \leq c_1 \\ \quad \vdots \\ a_n \cdot f(x) + b_n & \text{if } c_{n-1} < f(x) \end{cases}$$

其中,$f(x)$为输入图像的像素值;a_i和b_i为每个区间的线性变换系数,其中a_i控制斜率(对比度),b_i控制截距;c_i为用于分割图像灰度范围的阈值点。

假设有一个 8 位灰度图像,其灰度值范围为 0 到 255。如果想增强中间灰度级别的对比度,同时减弱两端的对比度,可以定义三个区间。

区间(1): 当$f(x) \leq 50$,$g(x) = 0.5 \cdot f(x)$。

区间(2): 当$50 < f(x) \leq 200$,$g(x) = 2 \cdot (f(x) - 50)$。

区间(3): 当$200 < f(x)$,$g(x) = 255$。

在这个例子中,区间(1)和区间(3)的对比度被减弱,而区间(2)的对比度被增强。通过这种方式,我们可以有针对性地调整图像的视觉效果。

分段的灰度拉伸可以更加灵活地控制输出灰度直方图的分布,可以有选择地拉伸某段灰度区间以改善输出图像。如果一幅图像灰度集中在较暗的区域而导致图像偏暗,可以用灰度拉伸功能来扩展(斜率>1)物体灰度区间以改善图像;同样,如果图像灰度集中在较亮的区域而导致图像偏亮,也可以用灰度拉伸功能来压缩(斜率<1)物体灰度区间以改善图像质量。

灰度拉伸是通过控制输出图像中灰度级的展开程度来达到控制对比度的效果。一般情况下都有所限制,从而保证函数单调递增,以避免造成处理过的图像中灰度级发生颠倒。

17.2.3 分水岭分割

分水岭分割是一种图像区域分割法,在分割的过程中,它会把跟临近像素间的相似性作为重要的参考依据,从而将在空间位置上相近并且灰度值相近的像素点互相连接起来构成一个封闭的轮廓,封闭性是分水岭分割的一个重要特征。

其他图像分割方法,如阈值、边缘检测等都不会考虑像素在空间关系上的相似性和封闭性这一概念,像素间彼此互相独立,没有统一性。分水岭分割较其他分割方法更具有思想性,更符合人们对图像的印象。

图像分割处理是将数字图像划分成互不相交的、有意义的、具有相同性质的区域的过程。而分水岭分割是将图像看作地形,灰度值低的区域相当于山谷,灰度值高的区域相当于山峰。然后,通过向山谷注水,最终使得水汇聚到局部最低点(低灰度值处),并形成分割线。这些分割线将图像分成多个区域,每个区域代表图像中的一个物体或区域。

分水岭分割基本步骤如下:

(1) 读取图像。

(2) 求取图像的边界,在此基础上可直接应用分水岭分割,但效果不佳。

(3) 对图像的前景和背景进行标记,其中每个对象内部的前景像素值都是相连的,背景里面的每个像素值都不属于任何目标物体。

(4) 计算切割函数,应用分水岭分割。

如果图像中的目标物体是连接在一起的,其他图像分割方法分割起来会很困难,使用分水岭分割算法处理这类问题,通常会取得比较好的效果。

17.3 实例分析

17.3.1 中值滤波

参考代码:

```
>>noise_img = imnoise(img, 'salt & pepper', 0.05);         %添加椒盐噪声
>>filtered_img(:,:,1) = medfilt2(noise_img(:,:,1),[3 3])
                                                          %应用中值滤波
>>filtered_img(:,:,2) = medfilt2(noise_img(:,:,2),[3 3]);
>>filtered_img(:,:,3) = medfilt2(noise_img(:,:,3),[3 3]);
```

中值滤波后的图像如图 17.1 所示：

原始图像　　　　　　　　　噪声图像　　　　　　　　滤波后的图像

图 17.1　中值滤波后的图像

中值滤波的一个重要特性是它不会改变图像中物体的形状或位置，因为它不会引起任何方向上的偏好，不像其他线性滤波器那样可能会模糊图像的边缘。然而，由于需要对每个窗口内的像素进行排序，中值滤波的计算量相对较大。

17.3.2　分段线性变换

参考代码：

```
>>[M, N] = size(I_gray);                %获取灰度图像的尺寸
>>I_gray = im2double(I_gray);
>>out = zeros(M, N);
>>X1 = 0.3; Y1 = 0.15;                  %定义分段线性变换的阈值
>>X2 = 0.7; Y2 = 0.85;                  %对每个像素应用分段线性变换
>>for i = 1:M
>>for j = 1:N
>>if I_gray(i, j)<X1                    %如果像素值小于阈值 X1
>>out(i, j) = Y1*I_gray(i, j)/X1;       %应用第一个线性变换公式
>>elseif I_gray(i, j)>X2                %如果像素值大于阈值 X2
>>out(i, j) = (I_gray(i, j)-X2)*(1-Y2)/(1-X2)+Y2;
>>else
>>out(i, j) = (I_gray(i, j)-X1)*(Y2-Y1)/(X2-X1)+Y1;
```

分段线性变换后的图像如图 17.2 所示：

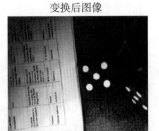

图 17.2　分段线性变换后的图像

分段线性变换后图像的直方图如图 17.3 所示：

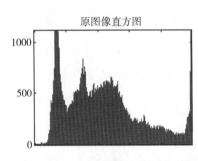 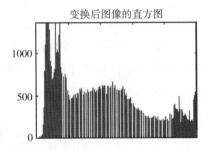

图 17.3　分段线性变换后图像的直方图

17.3.3　分水岭分割

读取图像并求其边界。

参考代码：

```
>>text (732,501,' Image courtesy of Corel','FontSize', 7, 'Horizonta-
    lAlignment', 'right')
>> 'FontSize', 7, 'HorizontalAlignment', 'right');
                                        % 使用 Sobel 算子
>> hy = fspecial('sobel');              % 创建 Sobel 垂直边缘检测算子
>> hx = hy';                            % 创建 Sobel 水平边缘检测算子
>> Iy = imfilter(double(I), hy, 'replicate');
>> Ix = imfilter(double(I), hx, 'replicate');
>> gradmag = sqrt(Ix.^2 + Iy.^2);       % 计算梯度的模
```

在这一步骤中，首先读取一幅真彩色图像，然后把真彩色图像转化为灰度图像，如图 17.4 所示：

原始图像   灰度图像

图 17.4 　真彩色图像转化为灰度图像

使用 sobel 边缘检测算子对图像进行水平和垂直方向的滤波,然后求取模值。如图 17.4 所示,sobel 算子滤波后的图像在边界处会显示比较大的值,在非边界处的值会很小。

直接使用梯度模值图像进行分水岭分割,参考代码:

```
>>L = watershed(gradmag);              %应用分水岭分割
>>Lrgb = label2rgb(L);                  %转化为彩色图像
```

直接使用梯度模值图像进行分水岭分割得到的结果往往会存在过度分割的现象,如图 17.5 所示。因此通常需要分别对前景对象和背景对象进行标记,以获得更好的分割效果。

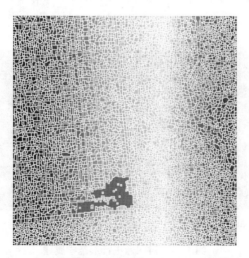

图 17.5 　直接使用梯度模值图像进行分水岭分割结果图

分别对前景和背景进行标记,参考代码:

```
>>se = strel('disk', 20);
>>Io = imopen(I, se);                              %形态学开运算
>>figure;
>>Ie = imerode(I, se);                             %对图像进行腐蚀
>>Iobr = imreconstruct(Ie, I);                     %形态学重建
>>Ioc = imclose(Io, se);                           %形态学关运算
>>Iobrd = imdilate(Iobr, se);                      %对图像进行膨胀
>>Iobrcbr = imreconstruct(imcomplement(Iobrd),
     imcomplement(Iobr));
>>Iobrcbr = imcomplement(Iobrcbr);
>>fgm = imregionalmax(Iobrcbr);
>>I2 = I;
>>I2(fgm) = 255;
>>se2 = strel(ones(5,5));
>>fgm2 = imclose(fgm, se2);                        %关运算
>>fgm3 = imerode(fgm2, se2);                       %腐蚀
>>fgm4 = bwareaopen(fgm3, 20);                     %开运算
```

使用形态学重建技术对前景对象进行标记,首先使用 imopen 函数对图像进行开运算,如图 17.6(a)所示,使用半径为 20 的圆形结构元素,开运算是膨胀和腐蚀操作的结合。另外一种方法是先对图像进行腐蚀,然后对图像进行形态学重建,处理后的图像如图 17.6(b)所示。

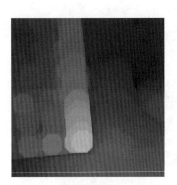
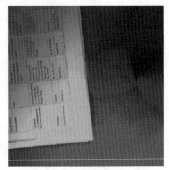

(a) 开运算 (Io)　　　　　　　(b) 重建开运算 (Iobr)

图 17.6　对图像进行形态学重建

在开运算之后进行关运算可以去除一些很小的目标,如图 17.7(a)所示。另外一种方法是先对图像进行腐蚀,然后对图像进行形态学重建,重建后的图像如图 17.7(b)所示,注意在重建之前需要先对图像求反,然后在重建之后再进行一次求反。

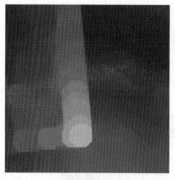 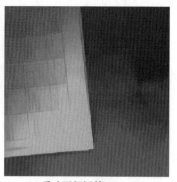

(a) 开闭运算 (Ioc)　　　　　(b) 重建开闭运算 (Iobrcbr)

图 17.7　对图像进行形态学重建，重建后的图像

对比两幅图像可以看到，以重建为基础的开闭运算(结果为 Iobrcbr)比一般的开闭运算(结果为 Ioc)在去除小的污点时会更有效，并且不会影响图像的轮廓。计算 Iobrcbr 的局部最大值会得到比较好的前景标记，如图 17.8 所示。

重建开闭运算的局部最大值(fgm)

图 17.8　前景标记

为了更好地理解这个结果，我们可以在原来图像的基础上，显示局部最大值，对前景图像进行标记，如图 17.9 所示：

局部最大值叠加在原图上(I2)

图 17.9 对前景图像进行标记

可以看到图像中还有少部分目标物体,未被正确地标记出,如果这些目标物体不能被正确地进行标记,则不能正确地进行分割。并且,少部分前景目标物体已经扩展到边缘,因此应该收缩一下边缘。可以先对图像进行闭运算,然后再进行腐蚀来达到这样的效果。

这个过程会产生一些孤立的像素点,可以使用 bwareaopen 函数将像素点数量较少的孤立像素点去除,结果如图 17.10(a)所示。将图像 Iobrcbr 使用合适的阈值转化成的二值图像如图 17.10(b)所示,其中淡颜色的值为背景。

 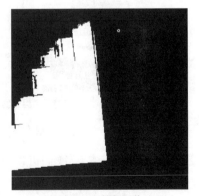

(a) 修正后的局部最大值叠加在原图上　　(b) 重建开闭运算的阈值处理

图 17.10 局部最大值图和二值图像

进行分水岭分割并显示,参考代码:

```
>>D = bwdist(bw);                                    %计算距离
>>DL = watershed(D);                                 %分水岭分割
>>bgm = DL == 0;                                     %取分割边界
>>gradmag2 = imimposemin(gradmag, bgm | fgm4);       %设置最小值
>>L = watershed(gradmag2);                           %分水岭分割
>>I4 = I;
>>I4(imdilate(L == 0, ones(3, 3)) | bgm | fgm4) = 255;
```

还有一种可视化的技术是在原图像中分别标记前景对象、背景对象和边界。为了使分割的边界更清楚,可以对图像进行膨胀操作,结果如图 17.11(a)所示。另外一种显示分割后图像的方法是使用彩色图像显示,使用 label2rgb 函数将分水岭分割后的图像显示为彩色,结果如图 17.11(b)所示。

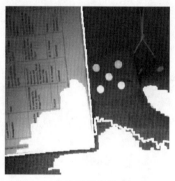

(a) 标记和物体边界　　　　　　(b) 彩色分水岭标签矩阵

图 17.11　分水岭分割后的图像

同样也可以在原来图像的基础上,使用透明技术将图像显示为伪彩色图像,结果如图 17.12 所示。

图 17.12　使用透明技术将图像显示为伪彩色图像

17.4 思考题

1. 实现均值滤波、中值滤波和高斯滤波，应用于带有高斯噪声的图像。比较这些滤波器在去除噪声的同时对图像细节的保留能力。

2. 创建一个可调节的分段线性变换函数，用于动态范围调整。使用不同的斜率和截距，观察其对图像对比度和亮度的影响。